导弹武器系统计量基本知识

主　编　葛　军
副主编　杨春涛　李　兵

国防工业出版社
·北京·

内 容 简 介

本书较为全面地介绍了中国航天科工防御技术研究院导弹武器系统计量保证工作情况，内容包括：计量基础知识、导弹武器系统研制生产基本情况、导弹武器系统计量保证工作要求等。

本书可作为计量测试人员、武器系统工程技术人员的参考书籍，对其他航天任务设计者、实施者也有借鉴价值。

图书在版编目（CIP）数据

导弹武器系统计量基本知识/葛军主编．—北京：国防工业出版社，2020.1

ISBN 978-7-118-12062-2

Ⅰ.①导… Ⅱ.①葛… Ⅲ.①导弹—武器装备—军事计量—基本知识 Ⅳ.①TJ760.2②E145.9

中国版本图书馆 CIP 数据核字(2020)第 016710 号

※

国防工业出版社出版发行

（北京市海淀区紫竹院南路 23 号 邮政编码 100048）

北京龙世杰印刷有限公司印刷

新华书店经售

*

开本 710×1000 1/16 **印张** 7½ **字数** 118 千字

2020 年 1 月第 1 版第 1 次印刷 **印数** 1—2000 册 **定价** 68.00 元

国防书店：(010)88540777　　发行邮购：(010)88540776

发行传真：(010)88540755　　发行业务：(010)88540717

编审委员会

编辑部

前言

导弹武器系统作为典型高技术现代化武器装备,具有设计与制造工艺复杂、试验与测试要求较高、服务与保障需求较大等特点。导弹武器系统研制及列装使用阶段,需要严格按照型号计量保证体系的规定开展相关工作,以保证导弹武器系统达到战技指标要求。

中国航天科工防御技术研究院(以下简称“二院”)作为国内导弹武器系统主要研制生产单位,建立了较为完善的导弹武器系统计量保证体系,持续加强相关人员计量知识培训,导弹武器系统全寿命周期计量保证工作依照相关规范性文件有效开展。

本书重点介绍了二院导弹武器系统研制生产基本情况、型号计量保证工作要求等内容,既有理论知识,又有实际经验总结,实用性较强,读者可以借此快速了解计量的历史和特点,增强对型号计量保证重要性的认识,更好地掌握型号计量保证工作要求并开展相关工作。

由于本书涉及内容较广,加之作者水平有限,书中难免存在不足之处,在此真诚地欢迎大家提出批评和建议。

编审委员会

2019 年 9 月

目录

第一篇　概　　述

第二篇　计量基础知识

第三篇　二院型号基本情况

第一篇　概　述

第一章
计量史简述

人类为了生存和发展就必须认识自然、利用自然和改造自然，自然界的一切现象、物体或物质，是通过一定的“量”来描述和体现的。《辞源》：“测量长短之器曰度，测量大小之器曰量，测量轻重之器曰衡”。国际上，测量（measurement）定义为通过实验获得并可合理赋予某量一个或多个量值的过程。

计量的概念起源于商品交换。随着社会进步、生产力提升和科学技术发展，计量的概念和内容不断变化和发展，出现了研究计量理论和实践的独立学科——计量学。国际上，计量（metrology）定义为实现单位统一和量值准确可靠的活动。我国计量历史的发展可以大体分为三个时期：古代度量衡、近代计量、现代计量。

第一节　古代度量衡

度量衡的产生起源于对数和量的认识。原始社会中食物等量分配，以及生产、狩猎工具制造标志测量萌芽的出现。结绳记事、刻木记日、滴水记时、伸掌为尺、手捧为升、迈步定亩，都是特定历史时期不同测量手段。根据《国语》记载，夏朝已有了以斗、斛（石）为单位的量器和以钧为单位的衡器，度量衡单位量制也建立起来。

公元前221年秦始皇统一六国并颁布诏书“廿六年，皇帝尽并兼天下诸侯，黔首大安，立号为皇帝，乃诏丞相状、绾，法度量则不壹，歉疑者，皆明壹之”，以法律形式统一全国度量衡，颁发度量衡器具，标志着我国古代计量的形成。

秦始皇统一度量衡制确定的单位名称和进位系列，经过汉代整理和发展，在度量衡制标准建立、器物制作，以及技术和管理上都达到规范化和标准化。

秦汉厘定的度量衡制在历代经济发展、天文历律、农田水利、建筑、手工业和日常生活服务等方面沿用两千多年。

第二节 近 代 计 量

18 世纪末，米制单位为近代计量学翻开新的一页。19 世纪，随着工业、商贸和科学技术发展，为适应工业生产国际化需要，在国际范围内实现测量的一致性，1875 年 5 月 20 日，17 个国家在巴黎签署《米制公约》。自此米制在全世界广泛传播，并被接受和使用，推进了世界各国计量单位制的统一。

1840 年鸦片战争以后，中国近代度量衡在制度、器具、量值等方面较为混乱。1858 年订立《天津条约》以后，中国正式接受英、法、德、俄等国的计量单位制。清朝末年到中华民国期间，为了与世界接轨，开始改革传统制度，提出采用米制单位。1912 年民国建立，为统一全国度量衡带来了机遇。1915 年北洋政府颁布《权度法》，规定权度以铂铱公尺、公斤原器为标准，并制备官用标准器和民用权度器。1929 年 2 月南京国民政府颁布《度量衡法》，1930 年 10 月 27 日全国度量衡局成立，管理全国度量衡工作。

第三节 现代计量

1. 国家计量历史沿革

新中国成立后，党和政府十分重视计量工作。1950 年在中央人民政府财政经济委员会技术管理局设立度量衡处，负责全国度量衡管理工作。1954 年 11 月第一届全国人大常委会第二次会议批准成立国家计量局，直属国务院，计量正式作为一个行业纳入政府管理。1959 年国务院发布《关于统一计量制度的命令》《统一公制计量单位名称方案》，确定我国基本计量制度。1962 年国家科委制定“1963—1972 年科学技术发展规划”，计量列为国家重点项目之一，确定建立十大类 76 项 214 种国家计量标准。1965 年 7 月国家科委计量局调整职能，另成立中国计量科学研究院和战备基地四川计量分院，负责建立国家计量标准、开展量值传递工作，至此，我国计量管理体系和技术体系初步形成。1977 年我国正式加入《米制公约》，逐步形成国际交流与合作局面。1985 年 9 月 6 日经第六届全国人民代表大会常务委员会第十二次会议审议通过，以国家主席令(第28号)发布《中华人民共和国计量法》,1986年7月1日正式实施。计量法的颁布标志着我国计量工作从行政管理走向法治管理新阶段。

2. 国防军工计量历史沿革

1952年,重工业部兵工局在第四研究所(兵工研究所)筹建一个精密机械加工车间和一个精密测量室,专门从事枪、炮口径量规和枪弹、炮弹尺寸样板的制造和测量工作,利用高精度校准样板统一各生产厂所军工产品量值,国防军工计量由此诞生。1964年5月,国防工业在北京召开计量联合工作会议,会议通过《第三、四、五、六机械工业部计量工作管理办法》和《1964—1970年计量工作发展规划》。

1982年,国防科学技术工业委员会成立,受国务院和中央军委双重领导,统一管理国防计量工作。1983年11月,国防科工委在北京召开第一次国防计量工作会议。中央军委副主席聂荣臻在会议贺信中提出"科技要发展,计量须先行"的科学论断。1990年,国务院、中央军委发布实施《国防计量监督管理条例》,标志着国防计量走上法制管理的新阶段。1998年国务院机构改革,成立新的国防科工委,负责国防科技工业计量监督管理工作。2000年2月,国防科工委发布《国防科技工业计量监督管理暂行规定》,规范国防科技工业计量工作。

2008年,国防科工局成立,负责国防军工计量管理工作。2011年发布《国防科工局关于进一步加强国防军工计量工作的通知》,有效加强计量技术机构、计量标准器具、计量人员、计量技术规范和监督管理工作。2012年发布《国防军工计量技术规范管理办法》,详细规定了计量技术规范制(修)订工作要求,构建了完整的计量技术规范闭环管理程序。2013年发布《国防军工计量标识印制和使用要求》,规范了计量标识的规格、样式,监制发放单位。国防军工计量紧密围绕军品科研生产,建立体系、组织量传、开展监督,为国防建设和国民经济建设做出重要贡献。

第二章
国防军工计量

第一节　国防军工计量地位与作用

国防军工计量职责是保证军品及配套产品科研、生产、试验的计量单位统一、测量过程受控、测量数据准确。同时支撑民用核电、航天、航空、船舶领域的科技发展，服务于国民经济建设。

近年来，国防军工计量坚持创新驱动，聚焦难点、突出重点、依法行政、加强监管，为武器装备科研生产、国防科技工业发展和国民经济建设做出了重要贡献。

面临新形势和新任务，国防军工计量将围绕建设中国特色先进国防科技工业总目标，统筹谋划、周密部署，以体制机制创新为抓手，以健全计量体系为保障，攻坚克难，切实发挥国防军工计量对武器装备科研生产和国防科技工业发展的支撑作用。

第二节　国防军工计量体系

目前，国防军工计量已经形成了由计量法规体系、技术体系、标准器具体系和机构体系组成的计量体系，共同构成国防军工计量的核心能力。

1. 国防军工计量法规体系

计量法规体系由行政法规体系和计量技术规范体系组成。以《中华人民共和国计量法》为顶层，由《国防计量监督管理条例》等行政法规，《国防科技工业计量监督管理暂行规定》等部门规章，以及地方军工计量法规，共同构成国防军工计量行政法规体系,明确各方职责,以及技术机构、标准器具、计量人员、量值传递、监督检查、计量保证等方面的要求。

计量技术规范是进行量值传递和量值溯源的技术依据,是计量技术发展的重要成果形式。目前已形成了由600多项检定规程、200多项校准规范、100多项计量检定系统表(计量器具等级图),以及40多项通用基础规范共同构成的国防军工计量技术规范体系。国防军工计量技术规范在武器装备研制生产试验计量保证工作中发挥重要作用,具有特殊性、先进性、系统性等特点。

2. 国防军工计量技术体系

国防军工计量技术体系是按照系统工程的思路对计量技术科学归类分界,具有先行性、基础性和系统性等特点。国防军工计量技术体系涵盖科学理论前沿、特殊量值传递、科研生产保障和专业基础共用等方面,包括700多项计量关键技术。国防军工计量技术体系创新地提出计量技术的科学归类方法,能够系统地指导计量科研,也为完善计量标准器具体系、制订计量技术规范、开展计量基础能力建设、编制军工计量科研规划等提供重要参考。

3. 国防军工计量标准器具体系

国防军工计量标准器具分为三级,即国防最高、区域最高和企事业最高计量标准器具,通过检定或校准,将国防最高计量标准复现的量值传递至工作计量器具,保证国防科技工业系统内量值准确一致,满足国防科技工业大量使用的计量器具溯源需求。企事业单位计量标准装置,直接为本单位工作计量器具开展计量服务,保障军品及配套产品科研生产任务顺利实施。

4. 国防计量技术机构体系

国防计量技术机构是政府授权的法定计量技术机构,是政府依法加强监管的重要技术支撑。按军工量值传递需要,国防计量技术机构设置分为三级:一级计量技术机构围绕武器装备研制和国防科技工业发展要求,负责研究建立保持国防特殊需要的最高计量标准器具;二级计量技术机构接受一级计量技术机构的业务指导,围绕本地区军品及配套产品研制生产单位计量需求,研究建立本地区最高计量标准器具,确保本地区使用的计量标准器具量值准确和测量数据可靠;三级计量技术机构接受一级、二级计量技术机构的业务指导,围绕本单位计量需求,建立本单位最高计量标准器具,确保本单位使用的计量器具及专用测试设备的量值准确和测量数据可靠。通过开展国防计量技术机构设置行政许可,已建立起以一级计量技术机构为骨干,二级计量技术机构为纽带,三级计量技术机构为网络的国防计量技术机构体系,为军工骨干科研生产单位提供便捷、高效的计量技术服务。

第三章
二院型号计量保证体系综述

中国航天科工防御技术研究院(以下简称二院)型号产品计量保证工作在二院计量主管部门统一管理下,在型号计量保证专家以及各级设计师和管理人员共同努力下,取得了丰硕成绩,为保证型号研制任务顺利进行做出重要贡献。二院型号计量保证工作依据相关国家标准、国家军用标准、行业标准、集团标准、二院标准、厂所级企业标准,以及二院相关型号保证管理规范开展,现已建立完善的二院型号计量保证体系,促进二院型号计量保证工作能力提升,为规范型号计量管理起到积极推动作用。

第一节　二院计量工作概况

二院现已形成由 1 个一级国防计量技术机构和 9 个三级计量技术机构,共同构建的计量能力布局,其中北京无线电计量测试研究所为一级计量技术机构,是国防科技工业第二计量测试研究中心;北京新立机械有限责任公司为二院长热力工程计量中心。

第二节　二院计量管理

二院产品保证部是二院计量工作的归口管理部门,主要职责是负责贯彻执行计量法律法规,制定二院计量管理制度并组织实施;根据二院发展总体规划,组织编制并实施计量发展规划和年度计划;负责计量标准器具(含校准装置、测试系统)监督管理,企事业最高计量标准器具建立和调整审批,协调组织计量标准器具考核;负责对院属单位科研、生产、试验、服务全过程计量工作实施监督管理；负责监督所属单位测量管理体系的建立和运行；负责履行二院型号计量保证相关工作职责；负责组织专用测试设备计量管理工作；负责组织大型试验计量监督检查；负责组织成立二院计量与测试专家组工作；负责组织有关计量法律法规培训；负责二院计量测试技术交流；负责组织计量科研项目监督管理；负责组织计量信息采集与管理。

北京无线电计量测试研究所作为国防科技工业第二计量测试研究中心，负责研究建立国防最高计量标准装置、校准装置和测试系统，并保持其服务能力；负责按照国家计量检定系统表（计量器具等级图）、计量检定规程、校准规范开展量值传递工作，保证测量数据准确、可靠；协助上级计量管理部门制定并实施计量技术发展规划、计划；参与解决科研、生产、服务全过程中出现的计量测试问题，承担因计量器具准确度引起纠纷的仲裁检定；负责计量人员技术培训、考核相关工作；负责跟踪国内外计量测试新技术发展，研究新的测量理论与方法；负责组织计量测试技术交流；承担上级计量科研项目，研究科研、生产、服务中关键计量测试技术和专用测试设备校准方法；负责编写计量检定规程、校准规范、测试方法等计量技术规范；负责对相关型号计量保证工作提供技术支持，参与计量保证和产品测量过程控制等计量监督检查。

北京新立机械有限责任公司作为二院长热力工程计量中心，负责开展长热力参数溯源研究，研建计量标准装置、校准装置和测试系统，并保持其服务能力；负责承担长热力参数校准、检测任务；负责收集二院各单位长热力型号计量保证信息，及时反馈到二院相关部门，配合解决科研生产一线相关质量问题；协助组织二院长热力计量规划论证；负责组织开展长热力参数计量技术研究，推动长热力工程计量技术产品转化。

其他三级计量技术机构负责建立并保持计量实验室体系有效运行和持续改进，按照现行有效的计量技术规范开展校准工作，并保证测量数据公正、可靠；参与二院计量发展规划、计划制定并组织实施；参与解决科研、生产、服务过程出现的计量测试问题；负责本单位计量人员技术培训；开展科研、生产、服务中相关计量测试技术研究，负责对相关型号计量保证工作提供技术支持。

第二篇　计量基础知识

第四章
计量术语

本章所介绍的术语及其所表述的概念主要以 JJF 1001—2011《通用计量术语及定义》为依据。

第一节　有关量和单位术语

计量学是研究测量及其应用的科学。在我国有时把计量学简称为计量，为不引起混淆，在国家通用计量术语及定义中将计量定义为实现单位统一和量值准确可靠的活动，“量”和“单位”是计量学领域两个最基本的概念。

量：现象、物体或物质的属性，其大小可用一个数和一个参照对象表示。量可指一般概念的量或特定量；参照对象可以是一个测量单位、测量程序、标准物质或其组合；量的符号见国家标准《量和单位》的现行有效版本，用斜体表示，一个给定符号可表示不同的量；“量”从概念上一般可分为物理量、化学量、生物量等，或分为基本量和导出量。

量值：全称量的值，简称值，用数和参照对象一起表示的量的大小。根据参照对象的类型，量值可表示为一个数和一个测量单位的乘积、一个数和一个作为参照对象的测量程序、一个数和一个标准物质等。量值中的数可以是实数，也可以是复数。例如：给定杆的长度为 5. 34m 或 534cm，在给定频率上某电路组件的阻抗为(7+3j)Ω(其中 j 是虚数单位)。

量的真值：与量的定义一致的量值，简称真值。真值按其本性是不可知的，由于定义本身细节不完善，可存在与定义一致的一组真值。有时可用约定量值作为真值的估计值。

量的数值：简称数值，量值中的数，而不是参照对象的任何数字。对于量纲为一的量，参照对象是一个测量单位，该单位为一个数字，但该数字不作为量的数值的一部分。

国际单位制(SI):由国际计量大会(CGPM)批准采用的基于国际量制的单位制,包括单位名称和符号、词头名称和符号及其使用规则。

法定计量单位:国家法律、法规规定使用的测量单位。

测量单位:测量单位具有根据约定赋予的名称和符号;同量纲量的测量单位可具有相同的名称和符号,即使这些量不是同类量;对于一个给定量,“单位”通常与名称联系在一起,如“质量单位”“长度单位”等。测量单位在我国又称计量单位,简称单位。

测量单位符号:表示测量单位的约定符号。例如:m 是米的符号;A 是安培的符号。

第二节 有关测量和测量结果术语

测量:通过实验获得并可合理赋予某量一个或多个量值的过程。

被测量:拟测量的量。是指定义的被测量,测量要涉及到测量仪器、测量系统和实施测量的条件,它可能有时会改变研究中的现象、物体或物质,此时实际受到测量的量可能不同于定义的要测量的被测量。

影响量:在直接测量中不影响实际被测的量,但会影响示值与测量结果之间关系的量。例如,测量某杆的长度时,测微计的温度是影响量,而杆本身的温度不是影响量。

测量结果:与其他有用的相关信息一起赋予被测量的一组量值。测量结果通常表示为单个测得的量值和一个测量不确定度。对某些用途,如果认为测量不确定度可忽略不计,则测量结果可表示为单个测得的量值。在许多领域中这是表示测量结果的常用方式。

测得的量值:又称量的测得值,简称测得值,是代表测量结果的量值。对被测量的重复测量,每次测量可得到相应的测得值,有时称观测值;由一组独立的测得值计算出的平均值或中位值可作为结果的测得值;测得值是有测量不确定度的,当测得值附有测量不确定度及有关信息时才称测量结果。

测量误差:简称误差。测得的量值减去参考量值。测量误差可以用绝对误差、相对误差或引用误差等形式表示;给出测量误差时必须注明误差值的符号,当测得值大于参考值时为正号,反之为负号。

系统测量误差:简称系统误差,在重复测量中保持不变或按可预见方式变化的测量误差分量。当系统误差的参考量值是被测量的真值时,系统误差是个概念性术语;当系统误差的参考量值由测量标准或约定值给出时,可得到系统误差估计值;得到系统误差估计值后,可对测得值进行修正,修正的方法包括:在测得值上加修正值,对测得值乘修正因子,画修正曲线,制定修正表等。

随机测量误差:简称随机误差,在重复测量中按不可预见方式变化的测量误差分量。随机误差的参考量值是在重复性条件下对同一被测量进行无限多次测量所得结果的平均值,随机误差具有抵偿性。

测量准确度:简称准确度,被测量的测得值与其真值间的一致程度。概念“测量准确度”不是一个量,不给出有数字的量值。当测量提供较小的测量误差表征该测量是较准确的。

测量精密度:简称精密度,在规定条件下,对同一或类似被测对象重复测量所得示值或测得值间的一致程度。通常用规定条件下的标准偏差、方差或变差系数表示。测量精密度不能用于表示测量准确度。

测量重复性:简称重复性,在一组重复性测量条件下的测量精密度。重复性条件是指,相同测量程序、相同操作者、相同测量系统、相同操作条件和相同地点,并在短时间内对同一或相类似被测对象重复测量的一组测量条件。

测量复现性:在复现性测量条件下的测量精密度。复现性测量条件是指不同地点、不同操作者、不同测量系统,对同一或相类似被测对象重复测量的一组测量条件。在给出复现性时,应说明改变和未变的条件及实际改变到什么程度。

测量不确定度:简称不确定度,根据所用到的信息,表征赋予被测量量值分散性的非负参数。该定义主要包含下面含义:

(1) 测量不确定度包括由系统影响引起的分量,如与修正量和测量标准所赋量值有关的分量及定义的不确定度。有时对估计的系统影响未作修正,而是当作不确定度分量处理。

(2) 此参数可以是诸如称为标准测量不确定度的标准偏差(或其特定倍数),或是说明了包含概率的区间半宽度。

(3) 测量不确定度一般由若干分量组成。其中一些分量可根据一系列测得值的统计分布,按测量不确定度的 A 类评定进行评定,并可用标准差表征。而另一些分量则可根据基于经验或其他信息所获得的概率密度函数,按测量不确定度的 B 类评定进行评定,也可用标准偏差表征。

(4) 通常对于一组给定的信息,测量不确定度是相应于所赋予被测量的值的。该值的改变将导致相应的测量不确定度的改变。

测量不确定度的 A 类评定:简称 A 类评定,对在规定测量条件下测得的量值用统计分析的方法进行的测量不确定度分量的评定。

测量不确定度的 B 类评定:简称 B 类评定,用不同于测量不确定度 A 类评定的方法对测量不确定度分量进行的评定。

合成标准不确定度:全称为合成标准测量不确定度,指在一个测量模型中由各输入量的标准测量不确定度获得的输出量的标准测量不确定度。

扩展不确定度:全称为扩展测量不确定度,指合成标准不确定度与一个大于 1 的数字因子的乘积。本定义中术语"因子"是指包含因子。

第三节 有关测量设备及测量设备特性术语

测量仪器:又称计量器具,单独或与一个或多个辅助设备组合,用于进行测量的装置。

测量系统:一套组装的并适用于特定量在规定区间内给出测得值信息的一台或多台测量仪器,通常还包括其他设备,如试剂和电源等。

测量设备:为实现测量过程所必需的测量仪器、软件、测量标准、标准物质、辅助设备或其组合。

准确度等级:在规定工作条件下,符合规定的计量要求,使测量误差或仪器不确定度保持在规定极限内的测量仪器或测量系统的等别或级别。准确度等级通常用约定采用的数字或符号表示,准确度等级也适用于实物量具。

最大允许测量误差:简称最大允许误差,对给定的测量、测量仪器或测量系统,由规范或规程所允许的,相对于已知参考量值的测量误差的极限值。不应该用术语"容差"表示"最大允许误差"。

第四节 有关计量标准和计量管理术语

计量标准:具有确定的测量不确定度,实现给定量定义的参照对象。

法制计量:为满足法定要求,由有资格的机构进行的涉及测量、测量单位、测量仪器、测量方法和测量结果的计量活动。

强制周期检定:根据检定规程规定的周期和程序,对测量仪器定期进行的一种后续检定工作。

计量检定规程:为评定计量器具的计量特性,规定了计量性能、法制计量控制要求、检定条件和检定方法以及检定周期等内容,并对计量器具做出合格与否的判定的计量技术规范。

计量溯源性:通过文件规定的不间断的校准链,将测量结果与参照标准对象联系起来的特性。

溯源等级图:一种代表等级顺序的框图,用以表明测量仪器的计量特性与给定量的测量标准之间的关系。

量值传递:通过对测量仪器的校准或检定,将国家测量标准所实现的单位量值通过各等级的测量标准传递到工作测量仪器的活动,以保证测量所得的量值准确一致。

计量确认:为确保测量设备的性能处于满足预期使用要求的状态所需要的一组操作。根据任务对象的技术要求,确定测量仪器、测量用设备的预期使用要求,包括项目/参数、测量范围、分辨力、最大允许误差等。

第五章
量和计量单位

第一节　我国法定计量单位

法定计量单位就是政府以法令的形式明确规定要在全国采用的测量单位。《中华人民共和国计量法》(以下简称《计量法》)规定了我国采用国际单位制,国家法定计量单位由国际单位制计量单位和国家选定的其他计量单位组成。

“量和单位”系列国家标准(GB 3100～GB 3102)是我国法定计量单位的具体应用形式,是各行各业必须执行的强制性基础标准。

现在几乎所有国家和绝大多数国际组织都宣布采用国际单位制(SI),主要由于国际单位制是一套完整的体系,且具有突出的优点和广泛的适用范围,它由SI单位和SI单位的倍数单位组成,其中SI单位分为SI基本单位和SI导出单位两部分。SI导出单位又分为具有专门名称的SI导出单位及各种组合形式的导出单位(国际单位制构成示意图如图5-1所示)。

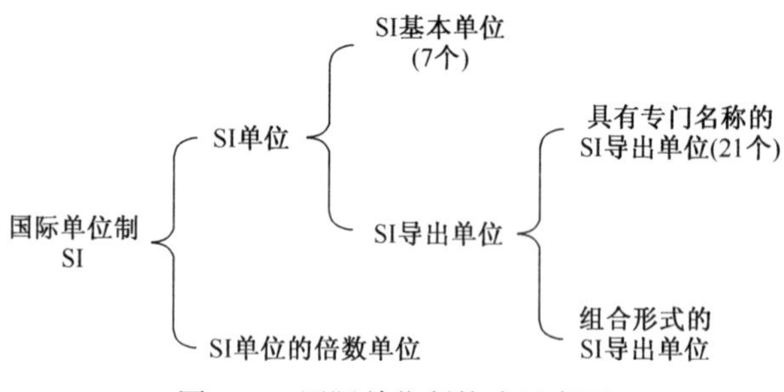

图5-1　国际单位制构成示意图

SI 基本单位有 7 个，详见表 5-1。SI 导出单位是通过系数为 1 的定义方程式，由 SI 基本单位导出，并且由它们表示的单位。表 5-2 列出了具有专门名称的 SI 导出单位，共 21 个。

表 5-1 SI 基本单位

量的名称	量的符号	单位名称	单位符号
长度	$l(L)$	米	m
质量	m	千克（公斤）	kg
时间	t	秒	s
电流	I	安[培]	A
热力学温度	T	开[尔文]	K
物质的量	n	摩[尔]	mol
发光强度	I_v	坎[德拉]	cd

表 5-2 具有专门名称的 SI 导出单位

量的名称	单位名称	单位符号	与基本单位关系
[平面]角	弧度	rad	$1rad=1m/m=1$
立体角	球面度	sr	$1sr=1m^2/m^2=1$
频率	赫[兹]	Hz	$1Hz=1s^{-1}$
力	牛[顿]	N	$1N=1kg\cdot m/s^{-2}$
压力、压强、应力	帕[斯卡]	Pa	$1Pa=1N/m^2$
能量、功、热量	焦[耳]	J	$1J=1Nm$
功率	瓦[特]	W	$1W=1J/s$
电荷[量]	库[仑]	C	$1C=1A\cdot s$
电压、电动势	伏[特]	V	$1V=1W/A=1J/(A\cdot m)$
电容	法[拉]	F	$1F=1C/V$
电阻	欧[姆]	Ω	$1\,\Omega=1V/A$
电导	西[门子]	S	$1S=1\,\Omega^{-1}$
磁通[量]	韦[伯]	Wb	$1Wb=1V\cdot s$
磁通密度	特[斯拉]	T	$1T=1Wb/m^2$
电感	亨[利]	H	$1H=1Wb/A$
摄氏温度	摄氏度	℃	1℃=1K
光通量	流[明]	lm	$1lm=1cd\cdot sr$
[光]照度	勒[克司]	lx	$1lx=1lm/m^2$
[放射性]活度	贝可[勒尔]	Bq	$1Bq=1s^{-1}$

（续）

量的名称	单位名称	单位符号	与基本单位关系
吸收剂量、比授[予]能、比释动能	戈[瑞]	Gy	1Gy = 1J/kg
剂量当量	希[沃特]	Sv	1Sv = 1J/kg

SI 单位的倍数单位由 SI 词头加上 SI 单位构成，包括十进倍数单位和十进分数单位。SI 单位的倍数单位的使用，使得国际单位制的适用范围更加扩大。SI 词头用于表示各种不同大小的因数。SI 词头共 20 个，其中有 4 个（百、十、分、厘）是十进位的，这些词头通常加在长度、面积、体积单位之前，如分米、厘米等，其他 16 个词头是千进位的。用于构成十进倍数单位和分数单位的词头如表 5-3 所列。

表 5-3　用于构成十进倍数单位和分数单位的词头

表示的因数	词头名称	词头符号	表示的因数	词头名称	词头符号
10^{24}	尧[它]	Y	10^{-1}	分	d
10^{21}	泽[它]	Z	10^{-2}	厘	c
10^{18}	艾[可萨]	E	10^{-3}	毫	m
10^{15}	拍[它]	P	10^{-6}	微	μ
10^{12}	太[拉]	T	10^{-9}	纳[诺]	n
10^{9}	吉[珈]	G	10^{-12}	皮[可]	p
10^{6}	兆	M	10^{-15}	飞[母托]	f
10^{3}	千	k	10^{-18}	阿[托]	a
10^{2}	百	h	10^{-21}	仄[普托]	z
10^{1}	十	da	10^{-24}	么[科托]	y

我国法定计量单位是建立在国际单位制基础上的。国际单位制单位是我国法定计量单位的主体。除国际单位制单位以外，我国根据实际情况选择 16 个可与国际单位制并用的非 SI 单位，作为我国法定计量单位的组成部分。我国法定计量单位构成如图 5-2 所示，可与国际单位制单位并用的非 SI 单位如表 5-4 所列。

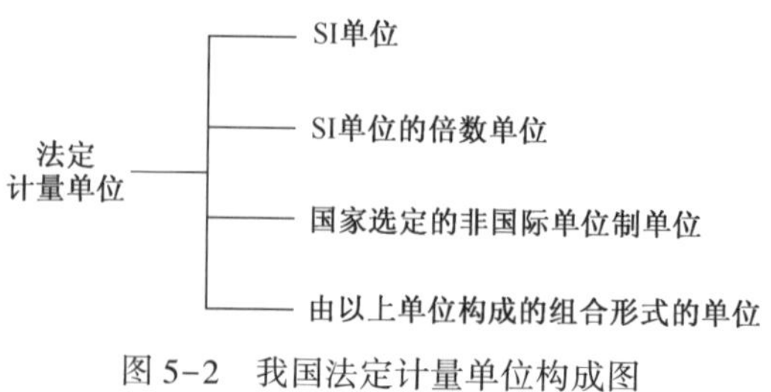

图 5-2　我国法定计量单位构成图

表 5-4　可与国际单位制并用的非 SI 单位

量的名称	单位名称	单位符号	与 SI 单位关系
时间	分	min	1min = 60s
	[小]时	h	1h = 3600s
	天(日)	d	1d = 86400s
	[角]秒	(″)	1″ = (π/648000) rad
平面角	[角]分	(′)	1′ = (π/10800) rad
	度	(°)	1° = (π/180) rad
旋转速度	转每分	r/min	1r/min = (1/60) s^{-1}
长度	海里	n mile	1n mile = 1852m
速度	节	kn	1kn = (1852/3600) m/s
质量	吨,原子质量单位	t, u	1t = 10^3kg 1u ≈ 1. 66054×10^{-27}kg
体积	升	L(l)	1L = $10^{-3}$$m^3$
能	电子伏	eV	1eV = 1. 602177×10^{-19}J
级差	分贝	dB	
线密度	特[克斯]	tex	1tex = 10^{-6}kg/km
面积	公顷	hm^2	1hm^2 = $10^4$$m^2$

第二节　量和单位表述规则

量可用数值和单位的乘积表示。量和单位的表述规则规定了表示量、单位、数值应遵循的基本原则。量的符号、辅助符号、备用符号、组合符号的使用,计量单位的名称、符号的使用,以及数值的表述规则等都有相应的规定。

1. 量的符号表述规则

(1) 量的符号通常用单个拉丁字母或希腊字母表示,如面积的符号 S,力的符号 F。

(2) 量的符号必须用斜体表示。物理量的符号既可代表广义量,又可代表特定量;量的符号原则上按其所表示的量的名称来称呼,而不称呼其字母。例如 L=40mm,称为长度为 40mm。

量的符号应采用国际、国家标准所规定的符号。有时量的符号不止一个,使用时可以选择。

(3) 不同量有相同的符号或对同一个量有不同的应用或要表示不同的值

时,可采用下标予以区分。如电流 I,发光强度 I_{v}; 又如 I_1,I_2,I_3。

量的符号的下标可以是单个或多个字母,也可以是阿拉伯数字、数学符号、元素符号、化学分子式等。除用物理量的符号或用表示变量、坐标和序号的字母作为下标时字体用斜体字母外,其他下标用正体。如: C_p 的下标 p 是压力量的符号;F_x 中 x 是坐标 x 轴符号;L_i,L_k 中 i,k 是序号的字母符号;相对标准不确定度 u_{r};半周期 $T_{1/2}$; B 点的场强 E_{B};扩展不确定度 U_{95};谐波分量 i_1,i_2,i_3;铜的电阻率 ρ_{Cu}。

2. 量值的表述规则

(1) 无量纲的量表示量值时不写单位,可用%代替数字 0.01。例如 $r=0.8=80\%$。注意应避免使用‰代替 0.001,可用 0.1%表示。

(2) 不再使用 ppm、ppb 表示数值,因为它们既不是单位符号,也不是数学符号,而仅仅是表示数值的英文缩写词。ppm 应用 10^{-6}表示。

(3) 在量值表达时不能在单位符号上附加表示量的特性和测量过程信息的标识。如 $V_{\max}=50\mathrm{V}$,而不应为 $V=50V_{\max}$。

(4) 如果所表示的量值为量值的和或差,则应加圆括号将数值组合,置共同的单位于全部数值之后。例如 $t=(20\pm0.1)$℃,或 $t=20$℃ ±0.1℃,不得写成 $t=20\pm0.1$℃。

(5) 相对量的表达应为 2%~3%,不应写成 2~3% ;应为 55%~65%, 而不应为 60%±5% 。

3. 单位名称及其使用规则

(1) 组合形式的单位的中文名称与其符号表示的顺序一致,乘号没有名称,除号的对应名称为“每”,如 V/m 的中文名称为:伏每米;m/s 的中文名称为:米每秒。

(2) 乘方形式的单位名称,其顺序是指数名称在前,单位名称在后,如“三次方米”。当长度的 2 次和 3 次幂是表示面积和体积时,其相应中文名称可读为平方和立方。

(3) 在证书和技术文件中表示量值时,在数字后面应写单位符号,不应写中文名称,如不应写“10 米”,而应写“10m”。

(4) 指数为负 1 或分子为 1 的单位名称以“每”字开头,如线膨胀系数的单位 K^{-1},其名称为每开尔文,而不是负 1 次方开尔文。

(5) 书写单位名称时,在其中不应加任何表示乘或除的符号或其他符号。如电阻率单位名称是欧姆米,而不是欧姆 · 米。

(6) 单位名称及简称只宜在口述和叙述性文字中使用,不应在公式和图表中使用。

4. 单位的符号及其使用规则

（1）不论用拉丁字母或希腊字母，单位的符号一律用正体。

（2）单位符号的字母一般用小写，但来源于人名时，第一个字母用大写，如“Hz（不能写成 hz、hZ）”“mA（不能写成 ma、Ma）”。

（3）由两个单位相乘而构成的组合形式的 SI 导出单位，其符号一般有两种形式，“Ω · m”“Ωm”。

（4）由两个单位相除而构成的组合形式的 SI 导出单位，其符号一般有三种形式，“kg/m^3”“$kg \cdot m^{-3}$”“kgm^{-3}”。

（5）分子为 1 的组合形式的 SI 导出单位的符号，一般不用分式而用负数幂的形式，如“m^{-1}”，一般不用“1/m”。

（6）当分母中包含两个以上符号时，整个分母一般应加圆括号，斜线不得多于一条，如导热的单位符号“W/（K · m）”，而不能为“W/K/m”。

（7）在一个量值中只使用一个单位，单位符号应写在全部数值之后，并与数值间留适当的空隙，且单位符号不得插在数字中间。如 1.25m 不应写成“1m25cm”；5.3s 不应写成“5s3”或“5 秒 3”。

（8）所有单位符号应按中文名称或简称读，不得按字母或发音读。

（9）单位符号不得附加角标或其他说明性标记或符号，这些说明性符号应在量的符号中使用。

（10）平面角单位度、分、秒的符号，在组合单位中应采用括号形式，即（°），（″），（′）。例如不得使用“°/s”，而应使用“（°）/s”。

5. 词头及其使用规则

（1）词头的名称紧接单位名称，作为一个整体，其间不得插入其他词。例如面积单位 km^2 的名称和含义是“平方千米”，而不是“千平方米”。

（2）仅通过相乘构成的组合单位在加词头时，词头应加在第一个单位之前。如力矩单位 kN · m，不应写成 N · km。

（3）非十进制法定计量单位，不得用 SI 词头构成倍数和分数单位。它们参与构成组合单位时，不应放在最前面。如光量单位 lm · h，不应写成 h · lm。

（4）组合单位的符号中，某单位符号同时又是词头符号，则应尽量将它置于单位符号的右侧。如力矩单位 Nm，不应写成 mN。温度单位 K 和时间单位 s 和 h，一般在右侧。

（5）词头 h，da，d，c（即百，十，分，厘）一般只用于某些长度、面积、体积和早已习惯使用的场合。

(6) 一般不在组合单位的分子分母中同时使用词头。如电场强度的单位可用 MV/m,不应写成 kV/mm。词头加在分子的第一个符号前,如热容单位 J/K 的倍数单位 kJ/K,不应写成 J/mK。同一单位中一般不应使用两个以上词头,但分母中面积、体积单位可以有词头,kg 也作为例外。

(7) 选用词头时,一般应使量的数值处于 0. 1 ~ 1000 范围之内。如 1344Pa 可写成 1. 344kPa。

(8) 万(10^4)和亿(10^8)可放在单位符号之前作为数词使用,但不是词头。十、百、千、十万、百万、千万等中文词,不得放在单位符号前作数词用。例如"3 千秒$^{-1}$",应读作"三每千秒",而不是"三千每秒"。对"三千每秒"只能表示为"3000s^{-1}"。

(9) 计算时为了方便,建议所有量均用 SI 单位表示,词头用 10 的幂代替,这样,所得结果的单位仍为 SI 单位。

6. 图表中量和单位的表示方法

1) 图中量和单位的表示方法

量的符号与单位符号用斜线隔开。横坐标的量和单位一般应写在横坐标轴下方的居中位置,纵坐标的量和单位一般应与纵坐标轴平行并位于坐标轴左方的居中位置。图中如果坐标的每格用坐标值的倍数表示时,单位及其倍数应加括号。如图 5-3 中每格的量值是坐标标出值乘 0. 1V。

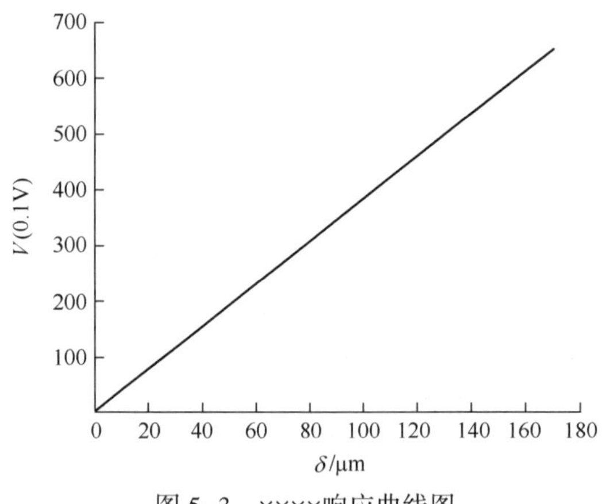

图 5-3　××××响应曲线图

2) 表中量和单位的表示方法

如果所制的表格中单位相同,单位符号应放在表的右上角,如表 5-5 所列。如果需要在表中各栏分别表示单位时,应将量或量符号与单位符号之间用斜线隔开,如表 5-6 所列。

表 5-5　比对数据举例　　　　单位：μm

电感仪的编号	No. 255	No. 245	No. 235
测头 1	121.5	111.8	101.3
测头 2	128.7	117.4	1.6.8
测头 3	111.0	101.0	91.5

表 5-6　传感器性能实测数据举例

存储地址	数据个数	最大值/μm	最小值/μm	差值/μm
D000-D3F0	504	8.2	7.2	1.0
D5D0-DD70	980	8.5	7.8	0.7
DAD0-DF20	556	11.1	10.2	0.9

第六章

概率统计与数据处理技术应用

第一节　概率统计基本概念

1. 概率分布与概率密度函数

(随机变量的)概率分布是指一个随机变量取任何给定值或属于某一给定值集时的概率随取值变化的函数,该函数的导数称为概率密度函数,用 $f(x)$ 或 $p(x)$ 表示

$$f(x)=p(x)=\lim_{\Delta x\to 0}\frac{P(x_0\leqslant x\leqslant x_0+\Delta x)}{\Delta x}$$

若已知概率密度函数,则测得值落在$(x_0,x_0+\Delta x)$区间内的概率为

$$P(x_0\leqslant x\leqslant x_0+\Delta x)=\int_{x_0}^{x_0+\Delta x}f(x)\,\mathrm{d}x$$

概率分布通常用概率密度函数随机变量变化的曲线来表示,概率密度函数曲线图如图 6-1 所示。

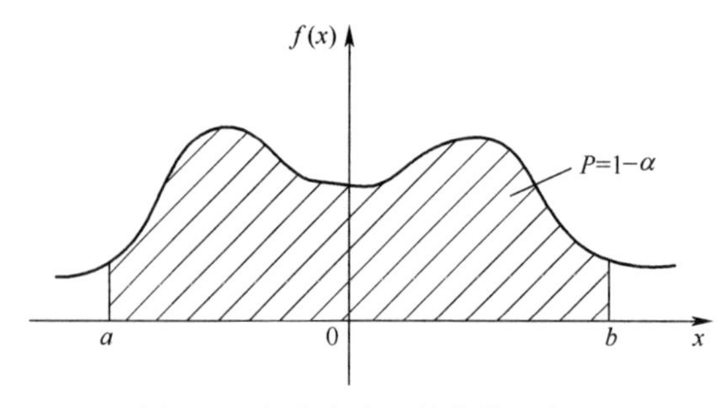

图 6-1　概率密度函数曲线示意图

2. 概率分布的期望、方差和标准偏差

期望　无穷多次测量的算术平均值的极限,在统计学中把概率分布的期望称为总体均值或均值,常用符合 μ 表示:

$$\mu = \lim_{n\to\infty} \frac{1}{n} \sum_{i=1}^{n} x_i$$

也可用 $E(X)$ 表示被测量 X 的期望,同时有

$$E(X) = \mu = \sum_{i=1}^{\infty} x_i p_i$$

被测量 X 的期望是无穷多次测量的测量得值 x_i 与其相应概率 p_i 的乘积之和,即以概率加权的算术平均值。当已知概率密度函数时,期望可写为

$$E(X) = \int_{-\infty}^{+\infty} x f(x)\,\mathrm{d}x$$

方差　无穷多次测量的测得值与其期望之差平方的算术平均值的极限

$$\sigma^2 = \lim_{n\to\infty} \frac{1}{n} \sum_{i=1}^{n} (x_i - \mu)^2$$

如果已知概率密度函数,则

$$\sigma^2 = \int_{-\infty}^{+\infty} (x - \mu)^2 f(x)\,\mathrm{d}x$$

标准偏差　方差的正平方根,用来表征测量值的分散程度

$$\sigma = \lim_{n\to\infty} \sqrt{\frac{1}{n} \sum_{i=1}^{n} (x_i - \mu)^2}$$

3. 有限次测量时的算术平均值和实验标准偏差

算术平均值　值的总和除以值的个数,是有限次测量时概率分布的期望 μ 的估计值

$$\bar{x} = \frac{1}{n} \sum_{i=1}^{n} x_i$$

实验标准偏差　用有限次测量的数据得到的标准偏差的估计值,用符号 s 表示。最常用的估计方法是贝赛尔公式法

$$s(x) = \sqrt{\frac{1}{n-1} \sum_{i=1}^{n} (x_i - \bar{x})^2}$$

第二节 常用概率分布

1. 正态分布

正态分布又称高斯分布，其概率密度函数为

$$p(x)=\frac{1}{\sigma\sqrt{2\pi}}\mathrm{e}^{\frac{-(x-\mu)^2}{2\sigma^2}}$$

正态分布曲线如图 6-2 所示。曲线与 x 轴所围面积为 1；σ 为形状参数，μ 为位置参数；当 $\sigma=1,\mu=0$ 时为标准正态分布。

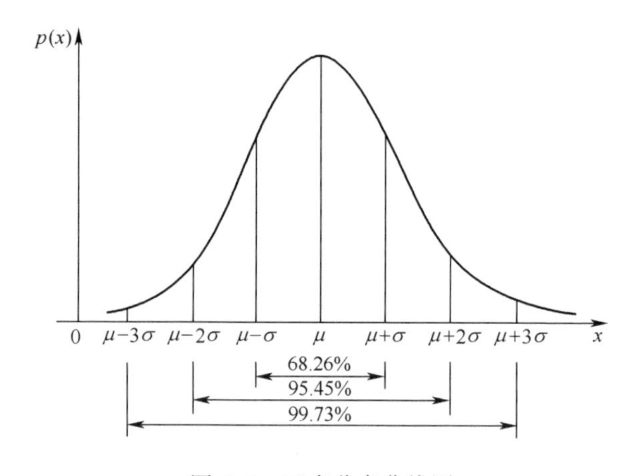

图 6-2 正态分布曲线图

在进行测量不确定度评定时，下列情况一般可按正态分布处理：

（1）重复条件或复现条件下多次测量的算术平均值的分布；

（2）被测量 Y 的扩展不确定度用 U_{P} 给出，而其分布又没有特殊指明时，被测量可能值的分布；

（3）被测量 Y 的合成标准不确定度 $u_{\mathrm{c}}(y)$ 中，相互独立的分量 $u_i(y)$ 较多，它们之间的大小也比较接近时，被测量可能值的分布；

（4）被测量 Y 的合成标准不确定度 $u_{\mathrm{c}}(y)$ 中相互独立的分量 $u_i(y)$ 中，存在 2 个界限值接近的三角分布或 4 个界限值接近的均匀分布时，被测量可能值的分布；

（5）被测量 Y 的合成标准不确定度 $u_{\mathrm{c}}(y)$ 中相互独立的分量 $u_i(y)$ 中，量值较大的分量（起决定作用的分量）接近正态分布时，被测量可能值的分布。

2. 均匀分布(矩形分布)

均匀分布为等概率分布,又称矩形分布,其概率密度函数为

$$p(x)=\begin{cases}1/(a_{+}-a_{-}) & a_{-}\leqslant x\leqslant a_{+}\\ 0 & x<a_{-},x>a_{+}\end{cases}$$

均匀分布曲线如图 6-3 所示。

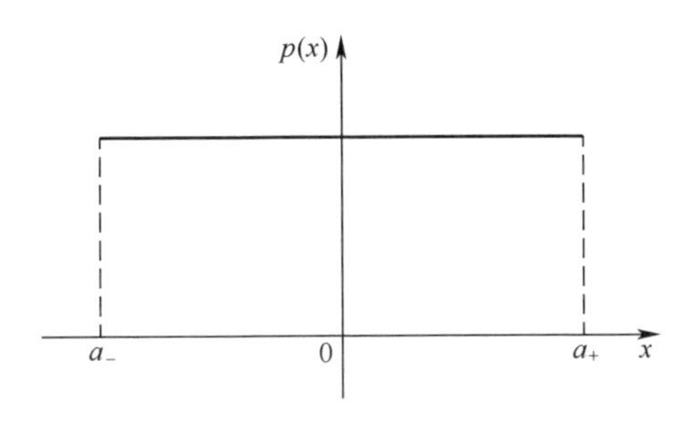

图 6-3　均匀分布曲线图

均匀分布的标准偏差为

$$\sigma(x)=(a_{+}-a_{-})/\sqrt{12}$$

当均匀分布的上限和下限对称时,可用 a 表示均匀分布的区间半宽度,则

$$\sigma(x)=a/\sqrt{3}$$

下列情况一般可按均匀分布(矩形分布)处理:

(1) 数据修约导致的不确定度;

(2) 数字式测量仪器的量化误差导致的不确定度;

(3) 测量仪器由于滞后、摩擦效应导致的不确定度;

(4) 按级使用的数字式仪表、测量仪器最大允许误差导致的不确定度;

(5) 平衡指示器调零不准导致的不确定度。

3. 三角分布

三角分布概率密度函数为

$$p(x)=\begin{cases}\dfrac{a+x}{a^2} & -a\leqslant x\leqslant 0\\ \dfrac{a-x}{a^2} & 0\leqslant x\leqslant a\\ 0 & x<-a,x>a\end{cases}$$

三角分布曲线如图 6-4 所示。

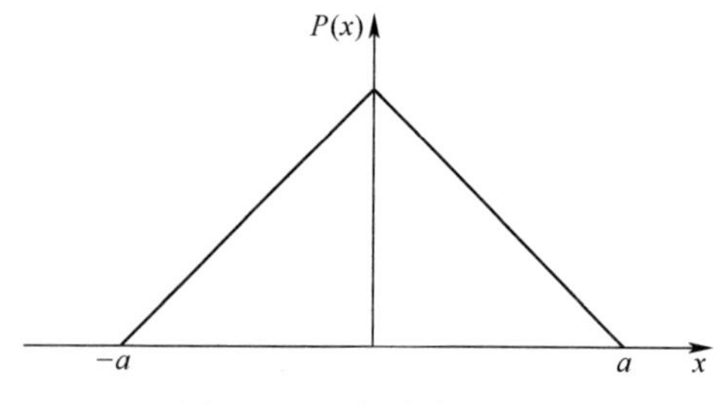

图 6-4　三角分布曲线图

三角分布的标准偏差为

$$\sigma(x) = a/\sqrt{6}$$

下列情况一般可按三角分布处理：

（1）相同修约间隔给出的两独立量之和或差，由修约导致的不确定度；

（2）因分辨力引起的两次测量结果之和或差的不确定度；

（3）两相同均匀分布的合成。

4. 反正弦分布

反正弦分布概率密度函数为

$$p(x) = \begin{cases} 1/(\pi\sqrt{a^2 - x^2}) & -a < x < a \\ 0 & x \leqslant -a, x \geqslant a \end{cases}$$

反正弦分布曲线如图 6-5 所示。

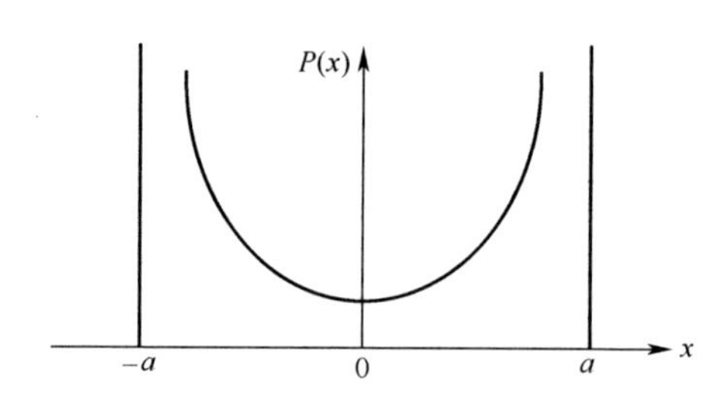

图 6-5　反正弦分布曲线图

反正弦分布的标准偏差为

$$\sigma(x) = a/\sqrt{2}$$

下列情况一般可按反正弦分布处理：

（1）度盘偏心引起的测角不确定度；

（2）正弦振动引起的位移不确定度；

（3）无线电中失配引起的不确定度；

（4）随时间正余弦变化的温度不确定度。

5. t 分布

t 分布又称学生分布，是两个独立随机变量之商的分布。如果随机变量 X 是期望值为 μ 的正态分布，设其算术平均值和其期望之差与算术平均值的标准偏差之比为新的变量 t，即

$$t = \frac{\bar{x} - \mu}{s(x)/\sqrt{n}} = \frac{\bar{x} - \mu}{s(\bar{x})}$$

该随机变量服从 t 分布，其概率密度函数为

$$p(t) = \frac{\Gamma\left(\frac{\nu + 1}{2}\right)}{\sqrt{\nu\pi}\,\Gamma\left(\frac{\nu}{2}\right)}\left[1 + \frac{t^2}{\nu}\right]^{-(\nu+1)/2}$$

t 分布曲线如图 6-6 所示。

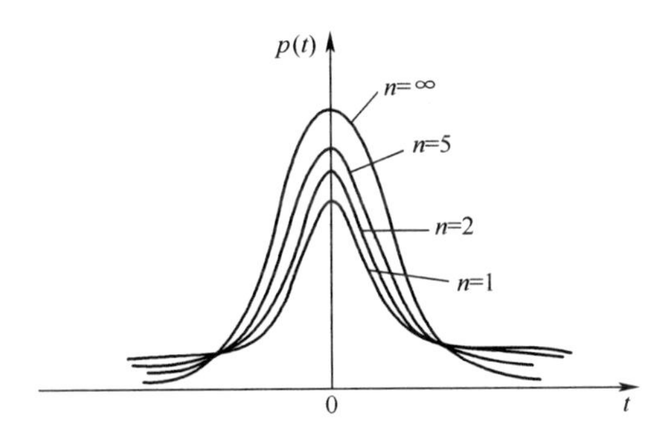

图 6-6　t 分布曲线图

t 分布在概率中表征对样本中所取子样的分布，或称抽样分布。如果无穷多次测量的整体分布是正态分布，那么 t 分布就是描述其有限次测量的分布。通常我们所说的 $2\sigma(k=2)$ 和 $3\sigma(k=3)$ 所对应的包含概率为 95. 45% 和 99. 73%指的是正态分布，即自由度为无穷大。在有限次测量的情况下，应为 t 分布，应根据包含概率和自由度查 t 分布表得到 k 值。

第三节　数字位数与数据修约规则

在表述测量结果时，一般包含被测量的最佳估计值及其测量不确定度，这两部分数据中用多少位数字来表述，多余数字如何修约都是实际工作中会遇到的问题。

1. 有效数字

除了在数字前面起定位作用的“0”之外，含有多少位数字，就是几位有效数字。

小数点的位置不影响有效数字的位数，如 20.0987 和 200.987 及 0.00200987 有效位数相同。

以“0”结尾的正整数，其有效数字位数不同，则测量准确度不同，如 345000m，3.45×10^5m，3.450×10^5m 的测量准确度是不同的。

2. 数据修约的规则

对于测量数据多余的数字应按“四舍六入，逢五取偶”的原则进行修约，具体操作原则如下：

（1）舍弃的数字段中，首位数字大于 5，则保留的数字末位进一。

（2）舍弃的数字段中，首位数字小于 5，则保留的数字末位不进一。

（3）舍弃的数字段中，首位数字等于 5，而 5 右边的其他舍弃位不都是 0 时，则保留的数字末位进一。

（4）舍弃的数字段中，首位数字等于 5，而 5 右边的其他舍弃位都是 0 时，则将保留的数字段末位变成偶数，即当保留数字的末位是奇数时进一变偶数，偶数时保持不变。

具体示例如下：

将 0.358 修约为 2 位有效数字，修约结果为 0.36；

将 0.361 修约为 2 位有效数字，修约结果为 0.36；

将 5.325 修约为 3 位有效数字，修约结果为 5.32；

将 5.375 修约为 3 位有效数字，修约结果为 5.38；

将 5.32501 修约为 3 位有效数字，修约结果为 5.33；

将 11.5×10^{-5}修约为 2 位有效数字，修约结果为 12×10^{-5}。

3. 测量结果的位数

在给出测量结果时测得值的末位应修约到与其测量不确定度的末位相对齐。

测量不确定度的有效位数一般为 1~2 位。当保留两位有效数字时，保守估计时可按不为零即进位；当保留一位有效数字时，可按 1/3 原则修约，即如果取至整数位，小于 1/3 的小数舍去，大于 1/3 的小数进一。例如：

0.001001 保留两位有效数字 0.0011，保留一位有效数字 0.001；

0.001335 保留两位有效数字 0.0014，保留一位有效数字 0.002。

第七章
测量不确定度评定

第一节　测量不确定度与测量误差概述

测量不确定度是定量表示测量结果分散性的参数。自 1963 年美国数理统计专家埃森哈特提出测量不确定度概念,到 1993 年正式发布测量不确定度表示和评定的国际指导性文件,经历了整整 30 年时间。

为了不断改进和完善测量不确定度表示和评定方法,1997 年由国际计量局(BIPM)、国际法制计量组织(OIML)、国际标准化组织(ISO)、国际电工委员会(IEC)、国际分析化学联盟(IFCC)、国际纯物理和应用物理联盟(IUPAP)、国际纯化学和应用化学联盟(IUPAC)等 7 个国际知名组织创立了计量学指南联合委员会(JCGM),并成立了测量不确定度表示(GUM)工作组和国际计量学基本词汇和通用术语(VIM)工作组,其主要任务是完善和修订 GUM 及 VIM,并促进其广泛使用。2005 年国际实验室认可合作组织也正式参加了计量学指南联合委员会,成为其第八个成员。该委员会于 2007 年和 2008 年先后发布了 ISO/IEC GUIDE 99-2007"国际计量学基本词汇——基本和通用概念和术语"(即 VIM 第 3 版),以及 ISO/IEC GUIDE 98-3:2008"测量不确定度表示指南"(即 GUM)。这两个指南作为计量术语和不确定度评定和表述的依据,得到世界各国的普遍认可,并被广泛采纳和使用。我国也参照或依据上述指南制定了相关国家标准,作为计量术语规范使用和测量不确定度表示和评定的依据。

除测量不确定度之外,另一个被人们广泛接受和使用的术语就是测量误差。相对于测量不确定度,测量误差是一个传统而又古老的概念。按照 JJF 1001—2011 的定义,测量误差指的是测得值(或被测量的最佳估计值)偏离参考量值的程度。当参考量值已知时(如参考量值由测量标准给出时),测量误差是已知的(可计算得出),而当参考量值是被测量的真值时,测量误差是未知的,是理想的概念。比较测量不确定度与测量误差,两者的定义既有联系,又有截然不同的区别。两者都与测量结果有关,它们从不同角度反映了测量结果的质量,测量不确定度与测量误差的比较见表 7-1。

表 7-1 测量不确定度与测量误差对比表

序号	测量误差	测量不确定度
1	有正号或负号的量值,其值为测得值减去参考值	无符号的参数,用标准差或其倍数(包含区间的半宽度)表示
2	表明测量结果偏离参考量值的程度	表明被测得值的分散性
3	客观存在,不以人的认识程度而改变	与人们对被测量、影响量及测量过程的认识有关
4	当参考量值已知时,可计算得到测量误差;当参考量值是真值时,测量误差是未知的	根据实验、资料、经验等信息进行评定,可定量确定
5	按性质分为随机误差和系统误差	不必区分性质,必要时可表述为随机或系统影响引入的不确定度分量
6	已知系统误差的估计值,可对测量结果进行修正	不能用不确定度修正测量结果

第二节 测量不确定度评定一般步骤

测量不确定度的评定方法应依据 JJF 1059 进行,该规范现行有效版本分两部分:JJF 1059. 1—2012《测量不确定度评定与表示》,又称 GUM 评定方法或 GUM 法;JJF 1059. 2—2012《用蒙特卡罗法评定测量不确定度》。大部分情况下是可以采用 GUM 法进行测量不确定度评定的,具体评定步骤如下:

(1) 确定被测量和测量方法。测量方法包括测量原理、测量仪器及其使用条件、测量程序、数据处理程序等。

(2) 分析并列出对测量结果有明显影响的不确定度来源。

(3) 建立满足测量不确定度评定所需的测量模型。

建立测量模型也称为测量模型化,即建立被测量 Y 和所有输入量 X_i 之间的函数关系。测量模型中应包括所有对测量不确定度有影响的输入量。

$$Y = f(X_1, X_2, \cdots, X_n)$$

(4) 确定各输入量的标准不确定度 $u(x_i)$。

根据标准不确定度评定方法的不同,分为标准不确定度的A类评定和标准不确定度的B类评定。

(5) 确定对应于各输入量的标准不确定度分量 $u_i(y)$。

(6) 对各标准不确定度分量 $u_i(y)$ 进行合成,得到合成标准不确定度 u_c。

(7) 确定包含因子 k 或 k_p。

(8) 确定扩展不确定度 $U = ku_c$ 或 $U_p = k_p u_c$。

(9) 给出测量不确定度报告。

第三节　测量不确定度来源分析

测量不确定度来源的分析取决于对测量方法、测量设备、测量条件及对被测量的详细了解和认识,必须具体问题具体分析。通常分析测量不确定度来源可从以下几方面考虑:

(1) 被测量的定义不完全。

(2) 复现被测量的测量方法不理想。

(3) 被测量的样本可能不完全代表定义的被测量。

(4) 对环境条件的影响认识不足。

(5) 人员的读数偏差。

(6) 测量仪器计量性能的局限性(如分辨力等)。

(7) 测量标准或测量设备不完善。

(8) 数据处理时所引用的常数或其他参数不准确。

(9) 测量方法、测量系统和测量程序不完善。

(10) 相同条件下,被测量重复观测的随机变化。

(11) 修正不完善。

第四节　测量模型的建立

在进行测量不确定度评定时,首先应建立测量模型,即建立被测量和所有输入量之间的函数关系。当被测量(即输出量) Y 由 N 个其他量 $X_1, X_2, \cdots,$

X_N(即输入量)通过函数 f 来确定时,$Y=f(X_1,X_2,\cdots,X_n)$ 为测量模型。设输入量 X_i 的估计值为 x_i,被测量 Y 的估计值为 y,则测量模型可写成 $y=f(x_1,x_2,\cdots,x_n)$。

测量模型中输入量可以是当前直接测得的量,也可以是由外部来源引入的量。在分析测量不确定度时,测量模型中的每个输入量的测量不确定度均是输出量测量不确定度的来源,如果数据表明测量函数不能将测量过程模型化至测量所要求的准确度,则要在测量模型中增加附加输入量,直至满足测量所要求的准确度。

注:

(1)测量模型是测量不确定度评定的依据,但是测量模型可能与计算公式不一致。

(2)测量模型不是唯一的。如果采用不同的测量方法和测量程序,就可能有不同的测量模型。

(3)测量模型可以很复杂,也可以很简单。

(4)物理量测量的测量模型一般根据物理原理确定。非物理量或在不能用物理原理确定的情况下,测量模型也可以用实验方法确定,或仅以数值方程给出,在可能情况下,尽可能采用按长期积累的数据建立的经验模型。

第五节　标准不确定度分量评定

测量不确定度一般由若干分量组成,每个分量用其概率分布的标准偏差的估计值表征,称为标准不确定度。根据得到标准偏差估计值方法的不同,分为 A 类评定和 B 类评定两种方法。

1. 标准不确定度的 A 类评定

对被测量进行独立重复观测,通过所得到的一系列测得值,用对测量样本进行统计分析获得实验标准偏差的方法,称为标准不确定度的 A 类评定方法。这些统计分析方法包括贝塞尔公式法、极差法、最大残差法、较差法、测量过程的实验标准偏差等,其中最常用的是贝塞尔公式法和极差法。

1)贝塞尔公式法

在重复性条件或复现性条件下,对被测量 X 独立重复测量 n 次,得到 n 个观测值 $x_1,x_2,\cdots,x_n$,则用贝塞尔公式法估算的单次测量的实验标准偏差为

$$s(x)=\sqrt{\frac{1}{n-1}\sum_{i=1}^{n}(x_i-\bar{x})^2}$$

2）极差法

在重复性条件或复现性条件下，对被测量 X 进行 n 次独立重复测量，得到 n 个观测值 $x_1,x_2,\cdots,x_n$，假设 $x_{\max}$ 和 $x_{\min}$ 分别为观测值中的最大值和最小值，则当被测量 X 可以估计接近正态分布的前提下，用极差法估算的单次测量的实验标准偏差为

$$s(x)=\frac{x_{\max}-x_{\min}}{d_n}$$

式中：d_n 为极差系数，可以查表获得。

在测量次数较少时，一般可采用极差法获得实验标准偏差。

当以 n 次测得值的算术平均值作为被测量的最佳估计值时，用 A 类方法评定的标准不确定度为

$$u_A=s(\bar{x})=s(x)/\sqrt{n}$$

如果取单次测得值作为被测量的最佳估计值，则

$$u_A=s(x)$$

如果取其中 m 次测得值的算术平均值作为被测量的最佳估计值，则

$$u_A=s(\bar{x})=s(x)/\sqrt{m}$$

3）A 类评定中的自由度

在标准不确定度的 A 类评定中，自由度用于表明所得到的标准偏差的可靠程度。其定义为："在方差计算中，和的项数减去对和的限制数"，用 ν 表示。

当采用贝塞尔公式法估算单次测量的实验标准偏差时，假设测量次数为 n，当被测量只有一个时，自由度 $\nu=n-1$；当被测量为 t 个时，自由度 $\nu=n-t$；若再有 r 个限制条件，则自由度 $\nu=n-t-r$。

注：

（1）不论用单次测得值还是用 n 次测量观测列的算术平均值作为被测量的最佳估计值，它们的自由度是相同的，均为 $n-1$。

（2）实际上，自由度往往用于求包含因子 k_p，如果在计算扩展不确定度时，只是把合成标准不确定度直接乘以包含因子 k，则不需计算自由度。

2. 标准不确定度的 B 类评定

B 类评定指的是用不同于测量样本统计分析的其他方法进行的标准不确定度的评定。

1）标准不确定度的B类评定方法的步骤：

（1）判断被测量可能值的区间$(-a,a)$；

（2）确定区间半宽度a；

（3）假设被测量在区间内的概率分布；

（4）确定包含因子k；

（5）计算标准不确定度为$u_B=\frac{a}{k}$。

2）区间半宽度a的确定

区间半宽度a一般可根据以下信息确定：

（1）以前的观测数据；

（2）对有关技术资料和测量仪器特性的了解和经验；

（3）制造厂(生产部门)提供的技术说明书；

（4）校准证书、检定证书、测试报告或其他文件提供的数据、准确度等级；

（5）检定规程、校准规范或测量标准中给出的数据；

（6）手册和某些资料给出的参考数据及其测量不确定度；

（7）同行共识的经验。

3）包含因子k的确定

（1）已知扩展不确定度是合成标准不确定度的若干倍时，该倍数就是包含因子k。

（2）根据假设的概率分布查表得到k值。

正态分布包含因子k与p的关系和几种概率分布的包含因子k值，见表7-2、表7-3。

表7-2　正态分布时包含因子k与包含概率p的关系

p	0.683	0.90	0.95	0.9545	0.99	0.9973
k	1.00	1.64	1.96	2.00	2.58	3

表7-3　几种非正态分布的包含因子k值($p=100\%$)

概率分布	均匀分布	反正弦分布	三角分布	梯形分布
包含因子k	$\sqrt{3}$	$\sqrt{2}$	$\sqrt{6}$	$\sqrt{6}/\sqrt{1+\beta^2}$
注：β为梯形上底半宽度与下底半宽之比$0<\beta<1$				

4）概率分布的假设

（1）被测量随机变化服从正态分布。

(2) 根据测量值落在包含区间内的可能情况估计：

区间内任何值的可能性相同,假设为均匀分布；

在区间的中心可能性最大,假设为三角分布；

落在区间中心的可能性最小,在上、下限处的可能性最大,则假设为反正弦分布。

(3) 无任何信息时,可假设为均匀分布。

5) B类评定中的自由度

对于B类评定,由于标准不确定度并非由实验测量数据得到,因此其自由度无法用测量次数计算得出。如果根据经验可以估计出B类评定不确定度的相对标准不确定度(即不可靠程度)时,则可由下式估算B类评定不确定度的自由度。

$$v \approx \frac{1}{2}\left[\frac{\Delta[u(x)]}{u(x)}\right]^{-2}$$

式中:$u(x)$为输入量X的标准不确定度；$\frac{\Delta[u(x)]}{u(x)}$为$u(x)$的相对标准不确定度。

若估计得到$u(x)$的可靠程度为90%,即不可靠程度为10%,则相对标准不确定度为10%,根据上式可计算出对应的自由度为50。

第六节　合成标准不确定度计算

无论各标准不确定度分量采用哪种评定方法,合成标准不确定度均由各标准不确定度分量合成计算得到。

1. 测量不确定度的传播律

被测量Y由N个其他量X_i的函数确定时,假设其函数关系为$y=f(x_1,x_2,\cdots,x_N)$,则合成标准不确定度按下式计算

$$u_c(y)=\sqrt{\sum_{i=1}^{N}\left[\frac{\partial f}{\partial x_i}\right]^2 u^2(x_i)+2\sum_{i=1}^{N-1}\sum_{j=i+1}^{N}\frac{\partial f}{\partial x_i}\cdot\frac{\partial f}{\partial x_j}\rho_{ij}u(x_i)u(x_j)}$$

式中:ρ_{ij}为相关系数；$u(x_i)$为不确定度分量；$\frac{\partial f}{\partial x_i}$为灵敏系数(也有的称其为传播系数)。该式称为“不确定度传播律”,它是在函数关系$y=f(x_1,\cdots,x_n)$为线性条件下得到的,否则应考虑非线性项。

计算和确定相关系数比较复杂，一般情况下，为简化合成标准不确定度的计算，应尽可能通过改变测量方法等，使相关系数的值近似为0、1。

当各输入量之间不相关时，相关系数为0，不确定度传播率可简化为

$$u_c(y)=\sqrt{\sum_{i=1}^{N}\left[\frac{\partial f}{\partial x_i}\right]^2 u^2(x_i)}=\sqrt{\sum_{i=1}^{N}c_i^2u_i^2(x_i)}=\sqrt{\sum_{i=1}^{n}u_i^2(y)}$$

当各输入量之间正强相关时，相关系数为1，不确定度传播率可简化为

$$u_c=\left|\sum_{i=1}^{n}\frac{\partial f}{\partial x_i}u(x_i)\right|$$

若有部分相关，则先将强相关各分量采用线性相加的方法合成，然后再与不相关分量采用方差相加方式合成。

一般情况下，采用改变测量方法、原理等手段，尽可能使各分量不相关。对一般测量而言，只要无明显证据证明各不确定度分量间有十分强的相关，为简化测量不确定度评定，均可按不相关处理。

2. 合成标准不确定度的自由度

合成标准不确定度 $u_c(y)$ 的自由度称为有效自由度 v_{eff}

$$v_{eff}=\frac{u_c^4(y)}{\sum_{i=1}^{N}\frac{c_i^4u^4(x_i)}{v_i}}=\frac{u_c^4(y)}{\sum_{i=1}^{N}\frac{u_i^4(y)}{v_i}}$$

式中：$u_c(y)$ 为合成标准不确定度；$u_i(x)$ 为各输入量的标准不确定度；v_i 为 $u_i(x)$ 的自由度。

v_{eff} 值越大表明评定的合成标准不确定度 $u_c(y)$ 值越可靠。

3. 合成标准不确定度的使用

合成标准不确定度一般在以下三种情况下使用，其他情况一般只需给出扩展不确定度：

（1）基础计量学研究；

（2）基本物理常量测量；

（3）复现国际单位制单位的国际比对。

当用合成标准不确定度报告测量结果时，推荐以下三种表述方法：

（1）$m_s=100.02147$g，$u_c(m_s)=0.35$mg；

（2）$m_s=100.02147(35)$g，括号中的数为合成标准不确定度 u_c 的值，其末位与测得值的末位相对应；

（3）$m_s=100.02147(0.00035)$g，括号中的数为合成标准不确定度 u_c 的值，与说明的测得值有相同的测量单位。

第七节　扩展不确定度的确定

扩展不确定度是被测量可能值包含区间的半宽度，由合成标准不确定度乘以包含因子得到。根据得出包含因子的不同方式扩展不确定度分为 U 和 U_p 两种。

1. 扩展不确定度的评定

（1）U 是由合成标准不确定度直接乘以包含因子 k（k 值一般取为 2 或 3）得到，即 $U=ku_c$，不必考虑被测量值的分布，此时不必计算各分量及合成标准不确定度的自由度。

（2）U_p 是由合成标准不确定度乘以包含因子 V_p 得到，即 $U_p=k_p u_c$，但 k_p 的获得需要考虑被测量可能值的分布及所需的包含概率，当被测量的可能值为正态分布或 t 分布时，需要计算有效自由度。

如果被测量可能值的概率分布为非正态分布时，应根据相应的分布确定 k_p。

2. 测量结果及其测量不确定度的表示

给出测量不确定度时，应按下列术语和符号进行规范表述：

（1）标准不确定度，用符号"u"表示。

（2）合成标准不确定度，用符号"u_c"表示。

（3）扩展不确定度，用符号"U"表示。

（4）包含因子，用"k"或"k_p"表示。

（5）包含概率，用"p"表示。

最终报告测量结果时，应遵守以下规定：

（1）单独表示测量不确定度时，不能带有"±"号。

例如，$V=\pm 25.3\text{mV}$，$U=\pm 2.6\%$ 是错误的，应为 $V=25.3\text{mV}$，$U=2.6\%$，$k=2$。

（2）测量不确定度通常取 1~2 位有效数字。

例如，若计算得到的不确定度为 $U=25.6\text{mV}$，在报告不确定度时应修为 $U\approx 26\text{mV}$。

（3）对不确定度的修约依据第六章内容进行，必要时也可将后面的数字舍去，末位进 1。

例如，若计算得到的测量不确定度为 $26.2\text{m}\Omega$，取二位有效数字时，$U=$

$26\mathrm{m}\Omega$;必要时,末位进 1,取 $U=27\mathrm{m}\Omega$。

(4) 测得值的末位应修约到与他们的不确定度的末位相对应。

例如,测得值为 $x=100.003675\mathrm{g}$,扩展不确定度计算值为 $U=0.0226\mathrm{g}$,则测量结果应表述为 $x=100.004\mathrm{g}$, $U=0.023\mathrm{g}$。

又如,测得值为 $D=2.63\%$,扩展不确定度 $U=0.5\%$,应将测得值修为 $D\approx 2.6\%$,与测量不确定度末位对齐。

(5) 测量不确定度的计量单位一般应与其测得值的计量单位一致;可采用百分数或 10 的负幂次方表示相对测量不确定度(无计量单位),符号 U_r 或 U_{rel}。

例如,$\Delta f=398\mathrm{kHz}$, $U_r=1.5\%$;

$f=10.0000006\mathrm{MHz}$, $U_r=5\times10^{-8}$。

当用扩展不确定度报告测量结果时,推荐以下几种表述方法:

当用 U 给出时,表述方式为

(1) $m_s=100.02147\mathrm{g}$, $U=0.70\mathrm{mg}$, $k=2$。

(2) $m_s=(100.02147\pm0.00070)\mathrm{g}$, $k=2$。

当用 U_p 给出时,表述方式为

(1) $m_s=100.02147\mathrm{g}$, $U_{95}=0.79\mathrm{mg}$, $\nu_{eff}=9$。

(2) $m_s=(100.02147\pm0.00079)\mathrm{g}$, $\nu_{eff}=9$,括号内第二项为 U_{95} 的值。

(3) $m_s=100.02147(79)\mathrm{g}$, $\nu_{eff}=9$,括号内为 U_{95} 的值,其末位与测得值的末位相对齐。

(4) $m_s=100.02147(0.00079)\mathrm{g}$, $\nu_{eff}=9$,括号内为 U_{95} 的值,与前面测得值有相同测量单位。

第八章 计量检定、校准和检测

第一节 计量检定、校准、检测概述

1. 计量检定

检定是计量领域中的专业术语,是对计量器具进行检定或计量检定活动的简称。检定是“查明和确认被测对象(包括测量系统、测量标准、检测设备或装备等)是否符合法定要求的活动,包括检查、加标记和(或)出具检定证书”。检定结果应给出被测对象合格或不合格的结论。

计量检定在计量工作中具有非常重要的作用,其目的是确保量值的统一和准确可靠,其主要作用是评定计量器具的计量性能是否符合法定要求。检定具有计量监督管理的性质,即具有法制性。它是进行量值传递的重要形式,是实施计量法制管理的重要手段,是确保量值准确一致的重要措施。

检定工作的内容包括对计量器具进行检查,它是为确定计量器具是否符合该器具有关法定要求所进行的操作。这种操作是依据国家计量检定系统表所规定的量值传递关系,将被检对象与计量标准进行技术比较,按照计量检定规程规定的检定条件、检定项目和检定方法进行实验操作和数据处理。按检定规程规定的计量性能要求(如准确度等级、最大允许误差、测量不确定度、影响量、稳定性等)和通用技术要求进行验证、检查和评价,对计量器具是否合格,是否符合哪一准确度等级做出检定结论,并按检定规程规定的要求出具证书或加盖印记。检定结论为合格的,出具检定证书或加盖合格证;检定不合格的,出具检定结果通知书。

2. 计量校准

计量校准是“在规定条件下的一组操作,其第一步是确定由计量标准提供的量值与相应示值之间的关系,第二步则是用此信息确定由示值获得测量结果的关系,这里计量标准所提供的量值与相应示值都具有测量不确定度”。

校准结果可以用文字说明、校准函数、校准图、校准曲线或校准表格的形式表示。某种情况下可以包含示值的具有测量不确定度的修正值或修正因子。计量校准不应与测量系统的调整(常被称为“自校准”)相混淆,也不应与校准的验证相混淆。

校准的对象是测量仪器或测量系统,实物量具或参考物质。校准的目的是确定被校准对象的示值与对应的由计量标准所复现的量值之间的关系,以实现量值的溯源性。

校准方法依据正式发布的计量校准规范。如果需要进行的校准项目尚未制定计量校准规范,应尽可能使用公开发布的,如国际的、地区的或国家的标准或技术规范,也可采用经确认的以下校准方法:由知名的技术组织、有关科学书籍或期刊公布的、设备制造商指定或实验室自编的校准方法,以及正式发布的计量检定规程中的相关部分。

校准是按使用的要求实现溯源性的重要手段,也是确保量值准确一致的重要措施。校准结果的数据应清楚明确地表达在校准证书或校准报告中。报告校准值或修正值时,应同时报告其测量不确定度。

3. 计量检测

检测是对给定产品,按照规定程序确定某一种或多种特性、进行处理或提供服务所组成的技术操作。

由法定计量技术机构开展的计量检测工作,主要是指计量器具新产品和进口计量器具的形式评价、定量包装商品净含量和商品包装计量检验,以及用能产品的能源效率标识计量检测。计量检定、校准和检测要求见表 8-1。

表 8-1　计量检定、校准和检测要求对比表

项目	检定	校准	检测
依据	检定规程	校准规范	检测方法、标准
目的	证明测量设备计量特性是否满足法定要求	确定被测量的值	确定被测件定量特性或承受影响特性
对象	测量设备	测量设备	产品、材料、服务
方法	与高一级标准比较	与高一级标准比较	用测量或试验设备测试
结论	合格/不合格	校准值或校准曲线及测量不确定度	检测结果 合格/不合格
证书或报告	检定证书 检定结果通知书	校准证书	检测报告

第二节　证书和报告

各类检定、校准、检测完成后，应根据规定的要求以及实际检定、校准或检测的结果，出具检定证书、检定结果通知书、校准证书（校准报告）、检测报告。证书、报告应有规定的格式，通常使用 A4 纸，用计算机打印。要求术语规范、用字正确、无遗漏、无涂改、数据准确、清晰、客观，信息完整全面、结论准确。证书、报告经检定、校准、检测人员，以及核验人员、签发人员签字，加盖公章后发出。对各类不同的证书、报告要求如下。

1. 检定证书和检定结果通知书

依据国家（国防）计量检定规程实施检定的，检定结论为“合格”的出具检定证书。检定证书应符合其对应计量检定规程的要求。证书名称为“检定证书”。其封面内包括：证书编号、页号和总页数；发出证书的单位名称；委托方或申请方单位名称；被检定计量器具名称、型号规格、制造厂、出厂编号；检定结论（应填写“合格”或在“合格”前冠以准确度等级）；检定员、核验员、授权签字人签名；检定日期、有效期。检定证书的内页中应包括如下内容：检定证书编号；检定所用计量标准及主要标准器信息（包括计量标准及主要标准器名称、测量范围、不确定度/准确度等级/最大允许误差、有效期）；检定条件（包括环境条件，如温度、相对湿度及检定地点）；被检项目及检定结果；页码；还可有附加说明部分。检定证书内容表达结束，应有终结标志。

2. 校准证书

依据计量校准规范，或依据其他经确认的校准方法进行的校准，出具的证书名称为“校准证书”（或“校准报告”）。

校准证书一般应包含以下信息：证书编号、页码和总页数、发出证书单位的名称地址、委托方的名称地址；被校准计量器具或测量仪器的名称、型号规格、制造厂、出厂编号；校准、核验、批准人员签名；被校准物品的接收日期、校准日期、本次校准依据的校准方法文件名称及编号；本次校准所使用的计量标准器具和配套设备的名称、型号、编号、有效期、技术特性（如准确度等级、量值的不确定度或最大允许误差）；校准的地点（如本实验室或委托方现场）；校准时的环境条件（如温度值、相对湿度值）；依据校准方法文件规定的校准项目（如示值误差、修正值或其他参数）的结果数据及测量不确定度。如果校准过程中对被校准对象进行了调整或修理，应注明经过调修，并尽可能给出调修前后的校准结果。一般情况下,校准证书上不给出校准间隔的建议;当顾客有要求时,也可在校准证书上给出校准间隔建议。校准证书内容表达结束,应有终结标志。

3. 检测报告

检测人员出具检测报告时,应包含以下信息:实验室名称和地址,以及不在实验室所在地进行检测时的实际地址;唯一性识别号,每页上的页码和总页数,标明结束标识;客户名称和地址;依据的技术文件(标准、规范或规程)的名称、编号;样品描述、状态、样品(件)的唯一性标识;样品的实验日期,必要时可包括样品的接收日期;实验结果,适用时带上测量单位(注意某些实验结果值无测量单位);证书/报告检测人、核验人、批准人签字。需对检测报告进行解释时,还可包括结果是否符合要求的声明意见、合同要求的履行情况、如何使用结果的建议、用于改进的指导意见等信息。

第三节　测量不确定度的表述要求

证书、报告中测量不确定度的表述应依据国家计量技术规范 JJF 1059.1《测量不确定度评定与表示》,使用的术语符号应与该技术规范相一致,在遵循该技术规范对测量不确定度的报告与表示的规定的同时,需注意以下几点。

(1) 在证书、报告中给出的测量不确定度,必须指明是合成标准不确定度,还是扩展不确定度,以及对应于校准结果的具体参数。

(2) 当被测量对象有多个参数时,应分别给出各个参数的测量结果不确定度。

(3) 当测量结果的测量不确定度在整个测量范围内差异不大,在满足量值传递要求的前提下,整个测量范围内的测量不确定度可取最大值。最大值点的位置可能在测量范围的上限点,也可能是在测量范围的下限点或其他位置,要根据具体情况进行分析。

当整个测量范围的测量不确定度有明显的差异或有变化规律时,不能以一个值代表整个测量范围的不确定度,而应以函数形式或分段给出,或每个校准点都给出相应的测量不确定度。

(4) 证书、报告中的测量不确定度只保留 1 位或 2 位有效数字。当第 1 位有效数字是 1 或 2 时,建议保留 2 位有效数字。其余情况可以保留 1 位或 2 位有效数字。保留的末位有效数字后面的非零数字的舍入,可以依据第六章的数据修约规则处理,比较保守的做法是只入不舍。

(5)测得值与其扩展不确定度的修约间隔应相同,即对测得值进行修约时,其末位应与扩展不确定度的末位对齐。

第四节　证书、报告的管理

1. 证书、报告管理制度

对证书、报告的管理应制定证书、报告的管理制度或管理程序。管理制度或管理程序应包括以下环节:证书、报告格式的设计印刷;证书、报告的编号规则;证书、报告的内容和编写要求;证书、报告的核验、审核和批准要求;证书、报告的修改规定;证书、报告的电子传输规定;证书、报告的副本保存规定,以及为用户保密的规定等。对每一环节要明确规定管理要求、管理职责、操作步骤,以及所需要的记录格式。这些管理制度或管理程序都应认真执行。

2. 证书、报告的审核批准

证书、报告的审核和批准由授权签字人实施。授权签字人对证书、报告的最终质量把关。经授权签字人签字后,证书、报告才可以发出。鉴于授权签字人是证书、报告所承担法律责任的主要负责人,因此应由具有较高的理论和技术水平、责任心强、对本专业技术负责的人员承担。审核人员只能审核本人熟悉专业的授权范围内的证书、报告,对证书、报告的正确性负责。检定证书、检定结果通知书、校准证书、检测报告由检定、校准、检测人员完成并签名,经核验人员核验并签名,提交证书、报告的授权签字人(一般为该专业实验室的技术主管)作最后的审核,经审核无误签名批准发出。

3. 证书、报告副本的保存

证书、报告是检定、校准、检测工作的结果,是具有法律效力的重要凭证,对发出的证书、报告必须保留副本,以备有需要时查阅。如发生伪造证书、报告,或篡改证书、报告的数据等违法行为时,将以证书、报告的副本为证据,对违法行为进行处理。

保留的证书、报告副本必须与发出的证书、报告完全一致,维持原样不得改变。证书、报告副本要按规定妥善保管,便于检索。规定保存期,到期需办理批准手续,按规定统一销毁。证书、报告副本可以是证书、报告原件的复印件,也可以保存在计算机的软件载体上。保存在计算机中的证书、报告副本应该进行只读处理,不论哪一种保存方式,都要遵守有关证书、报告副本保存的规定。

第三篇　二院型号基本情况

现代防空导弹武器系统是由多种设备组成的复杂系统，其研制工作是一个系统工程，整个研制发展过程可划分为规划论证、工程研制、生产列装三个阶段。

防空导弹武器系统规划论证阶段主要任务是要针对作战需求，进行可行性论证，开展关键技术攻关，确定型号研制的可行性；工程研制阶段是从型号研制任务书下达后开始，可分为总体方案设计阶段、独立回路弹研制阶段、闭合回路弹研制阶段、系统性能鉴定和设计定型阶段。生产列装阶段是在导弹武器系统设计定型之后，投入批量生产之前进行的生产定型，以保证批量生产的产品质量达到规定要求。

在防空导弹武器系统各研制阶段，要保证所有测量参数的可靠和有效，需使用各种测量仪器和专用测试设备，对不同的测试参数进行测量。因此有效和可靠的测量仪器、专用测试设备和测试方法，是正常开展型号研制各种检验和测试工作的基本保证，是型号计量保证的必要手段。

第九章 二院导弹武器系统简介

二院创建于 1957 年 11 月 16 日,其前身为国防部第五研究院二分院。建院以来,二院坚持和弘扬自力更生、艰苦奋斗的航天精神,走出了一条从仿制到自行研制和自主设计的成功之路。先后完成了我国早期地地导弹控制系统,我国多代地(舰)空导弹武器系统,我国第一个固体潜地战略导弹、固体陆基机动战略导弹的研制任务,为我军装备现代化建设和综合国力的提升做出了重大贡献。二院研制生产的多型导弹武器系统参加了国庆 35 周年、50 周年、60 周年和抗战胜利 70 周年阅兵,接受了祖国和人民的检阅,扬国威、壮军威。

第一节 导弹武器系统分类及组成

导弹武器系统系统庞大、功能复杂,涉及的科技领域广,技术难度高,而计量工作正是满足其不断发展的必要技术基础条件之一,通过提供准确可靠的测量手段,提升导弹武器系统的研制质量,保证导弹武器系统的精确打击能力,从而提高其攻击准确性。

导弹武器系统按照作战任务,可分为战略导弹、战术导弹;按照发射点的机动性和运载设备分为固定、地面机动、舰载、潜载、机载等导弹武器系统;根据打击目标的不同,可以分为防空、反舰、反坦克等导弹武器系统;根据导弹射程的不同可以分为洲际导弹、远程导弹、中程导弹、近程导弹等。二院是我国防空导弹武器系统研制的主力单位,历年来研制了多种型号防空反导导弹武器系统。

导弹武器系统是一个多装备构成的复杂系统,根据武器系统中各组成部分在作战使用中承担的使命,可以将武器系统的所属装备划分为作战装备和支援装备。作战装备是在武器系统中直接参加从目标搜索确定、跟踪制导到摧毁目标作战全过程的配套装备。作战装备一般包括:指挥车、发射车、导弹等。支援装备配属作战装备,以完成对作战装备的技战术支援、后勤保障、训练保障等。

第二节　导弹武器系统技术特点

导弹武器系统是一种技术先进,功能复杂的系统,涉及探测制导、飞行器、地面设备、辅助设备等多种设备,需要数种设备共同完成作战任务。导弹武器系统涉及电子、计算机、机械结构、元器件、原材料等多个领域,是一项跨领域、跨地域、跨专业的复杂系统工程,其主要特点归纳如下。

1. 创新性

导弹武器系统的发展,伴随各类隐身战机、巡航导弹、弹道防空导弹、临近空间飞行器等空中威胁的发展而发展的,要提升应对新的威胁的能力,创新作战理念、创新技术途径、创新设备研制、创新验证手段至关重要,是确保武器系统升级换代、克敌致胜的关键。

2. 适应性

从近期几次局部战争与冲突中我们可以看出,强电磁干扰的复杂战场环境将成为今后面临的典型作战环境,并将严重制约和影响导弹武器作战效能。因此,提高导弹武器系统抗干扰能力是提升其环境适应性和战场生存率的重要手段。一方面要提升导弹武器系统自身抗复杂电磁环境能力;另一方面要采用战场多种抗干扰辅助措施,配合导弹武器系统提高抗干扰能力,提高武器系统复杂战场环境的适应性。

3. 网络化

随着计算机与互联网技术的发展,导弹武器系统信息交互呈现全面网络化特征。网络化整体提升了导弹武器系统的信息交互速度、带宽、可靠性和兼容性;网络化使武器系统各种装备实现互联互通,提高了信息化水平;网络化使不同地域的不同武器装备实现了组网作战,使体系化协同作战成为可能。

4. 智能化

导弹的智能化主要体现在制导控制技术的提升,传统惯性制导、遥控指令制导和寻的制导控制技术各有优劣。要提高导弹制导精度,多种模式的“复合制导”是当前采用的主要手段,它将几种制导技术综合运用,在导弹的不同飞行阶段采用不同的制导方法,各制导技术互相配合运用,取长补短,不仅提高了导弹全程制导精度,而且使武器系统组成和作战流程达到最优。

5. 集成化

弹、站、架一体化、小型化、集成化是未来导弹武器系统的发展必然趋势。新材料、微电子技术的发展,特别是超高速集成电路和微米/纳米芯片集成电路技术的发展,广泛应用于导弹武器系统及其地面设备,为导弹武器系统结构轻小型化、控制系统智能化创造了有利条件。未来武器系统将搜索、跟踪、识别、打击等功能进行高度集成和一体化设计,使导弹武器系统具有反应快、机动性强等特点,具有边行军边打仗动态作战的能力。

6. 体系化

单一武器或单一兵种的独立作战已不适应现代战争模式的发展,多兵种区域协同,多武器协同作战的全方位配合体系化发展,是实现攻防兼备未来战争致胜的关键。体系化发展涉及探测预警、指挥控制、拦截武器三个要素,首先要建立预警探测能力,通过构建空、天、地预警和探测网,提高目标探测、识别能力和早期威胁预警水平;其次要建立国家级、战区级、装备级的指挥控制网络,实现体系作战的协同指挥;第三要开展防空反导等不同武器装备的作战协同,充分发挥体系化高效打击能力。

7. 通用化

为节省人力、物力和财力,减少科研费用,降低生产成本,优化后勤保障,保证平时和战时装备的补给,以应对新的威胁和适应瞬息万变的作战环境,实现一弹多用、三军通用,提升通用化能力具有显著战略意义。未来的导弹武器系统不仅能用来打击低空和超低空突袭兵器,同时又能用来摧毁太空中的制导卫星和侦察卫星;导弹武器要能快速适应陆基、空基、海基等不同作战平台,这些都要求导弹武器系统着力提高模块化、系列化、通用化水平。

第十章 立项论证、方案设计和技术设计阶段需求

第一节 立项论证阶段

导弹武器系统研制在立项论证阶段,必要时应对方案实现原理和关键技术进行原理性试验和验证性演示,以验证方案实现的原理是否正确,采用的关键技术是否可行,为方案设计的可行性提供依据。上述原理性试验和验证性演示要编制试验大纲,对试验目的、试验项目、试验方法、试验条件、试验所用的测量设备,以及计量校准方法和测试结果评定等提出详细要求。试验中应对试验大纲规定的测试数据进行测量,保证测试数据的有效性。所有测量设备均需要按照相关管理规定进行计量检定/校准,并对其结果进行分析和评定。

第二节 方案设计阶段

在导弹武器系统方案设计阶段,应建立系统方案优化仿真模型,进行仿真试验。经过优化设计,确定导弹武器系统分系统的主要技术参数及要求,通过仿真试验,验证各种方案对战术技术指标的满足程度。

导弹总体方案设计时,要进行风洞试验,通过风洞试验,完善和确定导弹的空气动力外形与气动特性。在制导站和发射装置总体方案设计时,要进行如垂直发射装置的弹射试验等相关试验。通过试验修改完善和确定总体方案。

武器系统方案设计阶段,要对后续设备研制、使用和所需的各项大型试验等,制定质量、可靠性工程和计量保证大纲等,明确规定导弹武器系统中A、B、

C 类专用测试设备的计量保证要求。

第三节　技术设计阶段

完成导弹武器系统和分系统的方案设计后,应编制各设备的研制任务书。任务书应规定其设备功能和各项技术指标要求,其中包括对设备测试性的要求。在方案和技术设计阶段,需依据研制任务书中提出的测试要求进行测试性设计。设备的测试性设计要明确检验设备的技术性能应具有的测试项目、测试参数和测试方法(如机内测试或机外测试)等要求,根据这些要求对设备进行功能划分、电气划分,选择测试点,使设备最终实现测试性要求。

在技术设计阶段,除了要完成装备本身的技术设计外,还要完成对设备进行检验所用的相关专用测试设备的设计,如导弹综合测试系统、各设备单元测试装置等,需同步考虑专用测试设备标准装置的配备并明确提出定期计量校准的要求。

第十一章
加工制造过程需求

防空导弹武器系统各设备在完成技术设计后,转入加工制造。为了保证产品的加工制造质量,要编制产品的加工制造工艺文件,提出各项质量保证措施,对原材料、元器件的选购和入厂检验或复验,对零件和组装件的检验,对设备组装、调试和试验都应有明确的要求,在产品加工制造过程中要明确各种测量工装、测量设备和试验设备等的计量校准要求。

第一节　原材料及元器件的检验

产品所需的原材料及元器件,除了应按规定的要求进行选购和验收外,还要进行入厂检验。不同的原材料和元器件,有不同的入厂检验项目,应制定相应的检验细则,并具有所需的检验设备。

为保证元器件、原材料的检验验收过程所有质量相关参数的准确有效,需要对检验验收过程中使用的仪器、设备、量具、检具等进行定期检定、校准。

第二节　零件的检验

零件加工过程,特别是比较复杂的零件加工过程,应按该零件加工工艺文件规定进行过程检测,判断是否符合要求。零件加工完成后,需对零件进行检测,判断是否合格。进行零件的检验,应具备所需的检测工具和检测设备。

在所有零件加工检验过程中使用的检测工具和检测设备,需要按期进行检定或校准。

第三节　部件的调试和检验

产品一般是由不同的部件组成,各部件具有不同的功能。部件组装完成后,应按该部件调试和检验细则的规定,使用该部件的调试和检验设备进行调试和检验,使其满足合格要求。

不同的部件(功能模块、电路板),由于其功能不同,其调试和检验设备也有所不同。如计算机一般都有主板(CPU)、接口板、通信板、功放板和电源板等调试和检测设备,对其所有部件调试检验的工具和检测设备,都要按期进行检定或校准。

第四节　产品的调试和检验

产品装配完成后,按产品调试和检验细则的规定,应使用产品的调试和检验设备进行调试和检验,使产品达到合格要求。

一般电子设备的调试和检验使用的仪器设备主要是通用测量设备(电源、测量仪表、示波器、功率计、时序测试仪器等)、电气接口、专用测试设备等。为保证在调试和检验过程中各种参数的准确可靠,上述所有通用测量设备、电气接口、专用测试设备均应定期进行检定或校准。

第十二章 产品检验、试验及交付验收过程需求

防空导弹武器研制过程，要对各个产品、分系统和系统进行检验和试验，判断其是否符合要求。

第一节 产品检验

产品装配调试完成后，要经工厂的检验部门，按产品技术条件的规定对产品进行检验和试验，通过各项检验和试验的产品为合格产品。产品出厂时，要经订货方进行检验，合格后才可交付使用。

产品技术条件规定了产品的检验项目、检验方法、合格的评定标准以及所需的测量工装、测量设备等，要确保测量设备经过检定或校准，并在使用有效期内。

第二节 产品交付验收

产品生产完成后，在交付用户时需要对产品的部分关键参数进行用户检验确认，这个检验过程订货方同样会使用产品技术条件规定的检验所需的测量工装和测量设备进行检验。

产品交付验收时应确保测量设备经过检定或校准，并在使用有效期内。

第三节 产品试验

产品在初样、试样、正样和定型后的批生产阶段，为了检验产品的质量，每

一批次生产的产品,除了要对每个产品进行检验外,还要按产品技术条件的规定,抽取一定数量的产品进行例行试验。在例行试验条件下,对产品有关性能和技术参数进行测试,以检验产品是否符合要求。

产品的例行试验通常包括高温、低温、湿热、低气压、烟雾、霉菌等自然环境条件试验,振动、冲击、加速度、运输等力学环境条件试验,抗电磁辐射等电磁兼容试验。进行产品例行试验,需要有满足试验条件的试验设备(如温度箱、湿热箱、低气压箱、振动台、冲击台、加速度试验台等)和测量设备,这些试验和测量设备都需要经过检定或校准。

有些产品还需要进行其他项目的试验,如弹体结构的静力试验与结构模态试验、发动机的地面试车、战斗部的地面静态爆炸试验、引信的地面静态试验和柔性滑轨试验等,所用试验和测量设备都需要经过检定或校准。

第四节　系统试验

产品构成分系统后,要进行分系统试验,以检验其技术性能是否符合系统要求。不同的分系统有不同的试验项目和要求,如导弹要进行弹上制导控制系统的仿真试验、挂飞试验和对接试验,导弹电气系统匹配试验,遥测系统与电气系统的匹配试验,发控系统与导弹的匹配试验和全弹振动试验等,用以检验各分系统之间的工作协调性、匹配性、系统的静态精度和动态精度等。

所有上述试验,要具备相应的试验设备,如仿真试验设备、导弹综合测试设备、遥测地面站以及振动试验台等,这些试验与测试设备都应定期进行检定或校准。

第五节　飞行试验

飞行试验是防空导弹武器系统研制阶段的重要试验,试验目的是在真实飞行条件下,检验武器系统的工作匹配性、战术技术性能及作战使用性能。

飞行试验是大型的复杂试验,必须按飞行大纲的要求做好各项试验工作,对参试装备的检查测试是其中的重要环节。参试装备进入试验基地后,导弹需在技术阵地进行检查测试,制导站和发射装备在发射阵地展开后也需进行检查测试。各参试装备经检查测试确认合格后,还要进行参试装备的系统对接试验,与靶场参试的测量设备的联合试验,只有当所有试验合格后,才能进行导弹发射飞行试验,参试的各种测量设备需真实全面录取导弹飞行试验结果数据。试验结束后,需处理和分析各种测量设备录取的数据,对试验结果做出评定。而相应录取设备和靶标等设备作为测量设备,对于导弹飞行试验和结果分析评定至关重要。

第十三章 导弹武器系统通用及专用测试设备的要求

导弹作为防空导弹武器系统的核心,由许多不同的测量设备组成,弹上设备的组成也比较复杂,对其进行检查测试时,需要对被测设备施加测试所需的激励信号,选择测试参数,进行准确测量,记录和处理测量结果。在全弹系统集成后,也需要对其功能及部分技术指标进行测量、测试和评定。

在导弹武器系统的测试工作中,对常规项目的测量必不可少,通常需要使用大量的通用测量设备,如用于长度测量的米尺、游标卡尺,用于时间测量的秒表,电气性能测量的多用表,以及示波器、频率计、频谱仪、直流电源等。为保证测量数据的准确性和有效性,导弹武器系统所有通用测量设备均需要定期进行检定或校准。

在导弹和弹上设备的研制过程中,只选用通用测量设备是不能完成对产品综合性能全面测试的,应根据该产品的测试性设计要求,设计生产一些专用组合,组成专用测试设备,才能实现对产品的全面测试。下面重点介绍弹上产品单元测试设备、导弹综合测试设备等专用测试设备。

第一节　弹上产品单元测试设备

以下单元测试设备作为专用测试设备,应进行校准并在有效期内使用。

1. 弹上计算机单元测试设备

用于弹上计算机的功能与性能测试,主要测试参数包括:输出电压、输出电流、工作时序、开关量控制信号、数字通信信号和通信协议等。

2. 惯性测量组合单元测试设备

用于 IMU 的测试和标定,主要测试参数包括:角速度的测量与输出、加速度的测量与输出、模拟量电压输出、数字通信信号与通信协议等。

3. 遥控应答机单元测试设备

用于弹上指令接收应答机的功能和性能测试,主要测试参数包括:输出电压、输出电流、射频信号频率、发射功率、射频信号占空比、接收机接收灵敏度、工作时序、数字通信信号和通信协议等。

4. 引信单元测试设备

用于引信的功能和性能测试,主要测试参数包括:输出电压、输出电流、工作时序、目标启动距离特性、数字通信信号和通信过程等。

5. 导引头单元测试设备

用于导引头功能和性能测试,主要测试参数包括:输出电压、输出电流、工作时序、目标启动距离特性、数字通信信号和通信协议等。

6. 安全执行机构单元测试设备

用于安全执行机构的功能和性能测试,主要测试参数包括:输出电压、输出电流、工作时序、数字通信信号和通信协议等。

7. 发动机检测设备

用于发动机的功能和性能测试,主要测试参数包括:点火通路电阻、线路绝缘电阻、输出电压、输出电流、工作时序、数字通信信号和通信协议等。

8. 弹上电缆网检测设备

用于弹上电缆网导通测试,主要测试参数包括:导通电阻、绝缘电阻、抗电强度等。

第二节　导弹综合测试设备

导弹综合测试设备是对导弹台面、舱段、全弹和筒(箱)弹状态进行功能和性能测试的专用测试设备,由通用设备和各种专用设备组成。

通用设备一般包括计算机、测控组合等,专用设备包括导弹供电电源、动态激励装置等。

1. 计算机

计算机系统应包括主机、显示器和打印机等,用于实施流程控制,测试数据的采集处理、显示和打印等。

2. 测控组合

测控组合通常采用 VXI、PXI、GPIB 等仪器总线机箱和模块,其中仪器模块用于对模拟量测试参数的测量。防空导弹综合测试的模拟量大多为电压、电流、频率、功率、脉冲波形、灵敏度等电参量。A/D、多用表等仪器模块要定期计量校准。

3. 导弹供电电源

用于对导弹综合测试时给弹上设备供电。导弹供电电源通常采用直流电源,技术指标主要有电压、电流、电压稳定度、纹波系数、尖峰脉冲幅度等,导弹供电电源品质直接关系到导弹能否正常工作,要定期计量校准。

4. 动态激励装置

在导弹综合测试时,为了检查惯性测量组合或自动驾驶仪和弹上控制系统的技术性能,需采用动态激励装置,对装有陀螺、加速度表等惯性敏感元件的惯性测量组合或自动驾驶仪给予一定变化规律的角度、角速度和加速度的动态激励。动态激励装置要提供激励基准,要定期计量校准。

5. 指令模拟器

指令模拟器用于模拟制导站发出制导指令或目标运动参数,检查测试遥控应答机及弹上制导系统的技术性能。指令模拟器,通常包括指令模拟组合、天线和微波吸收罩等。指令模拟器要定期对其输出频率、功率等进行计量校准。

6. 引信目标模拟器

引信目标模拟器用于模拟引信接收的目标回波信号,用于检查引信的工作性能。不同类型的引信使用不同的引信目标模拟器。无线电引信目标模拟器由微波罩、微波激励源及测试组合组成,引信目标模拟器要定期对其输出频率、功率等参数进行计量校准。

7. 导引头目标模拟器

在对导弹进行综合测试时,导引头目标模拟器用于模拟目标运动,以检查测试导引头及弹上制导控制系统的技术性能。

应根据不同的寻的制导系统综合测试要求,研制相应的导引头目标模拟器。如采用无线电主动寻的制导系统的导弹,其导引头目标模拟器主要由射频信号源、目标模拟器和屏蔽暗箱组成。射频信号源用于产生满足导引头测试需要的各种射频信号;目标模拟器用于模拟目标的角位移变化;屏蔽暗箱提供导引头测试所需要的电磁屏蔽环境。导引头目标模拟器需要定期对其频率、功率、位置等参数进行计量校准。

8. 信号适配组合

信号适配组合用于对各类测试信号进行调理与分配,通常由模拟和逻辑电路组成,一般不单独计量,随测试系统整体进行计量测试,以功能性测试为主。

9. 舵机模拟器

防空导弹的舵机工作寿命有比较严格的要求,在进行导弹综合测试时,为了尽量减少舵机的工作时间,有些测试项目采用舵机模拟器代替舵机工作。舵机模拟器一般不单独计量,而随系统整体进行计量测试,以功能性测试为主。

10. 导弹模拟器

导弹模拟器用于模拟弹上设备电气功能,供导弹综合测试系统自检使用。导弹综合测试设备使用导弹模拟器自检正常,说明该导弹综合测试设备工作正常,可以对导弹进行综合测试。导弹模拟器是综合测试系统整体计量的主要手段,其自身一般不单独计量,而随系统整体进行计量测试,以功能性测试为主。

11. 专用连接电缆

专用连接电缆用于导弹综合测试设备的各组成部分之间的连接,以及导弹综合测试设备与被测导弹之间的连接,电缆应进行校准。

第三节　其他专用测试设备

除了导弹研制需要的各种专用测试设备外,制导站和发射装备等研制也分别需要各自的专用测试设备。

专用测试设备是武器系统研制工作的组成部分,在完成各装备研制时,应同时完成其专用测试设备的研制。

专用测试设备的研制应根据任务书的要求,进行测试需求分析和测试方法研究,制定专用测试设备研制的总体方案,通过评审后进行专用设备的研制。同时要根据测试方案,制定测试软件总体方案,根据软件规格要求,进行测试软件的编程和调试。专用测试设备集成调试合格后,才可与被测对象进行对接测试。

为保证专用测试设备测试结果的准确、可靠,必须对专用测试设备进行计量校准。通过对能够表征专测设备测试性能和测量准确度的部分技术指标进行计量校准,才能确定专用测试设备的能力和精度。专用测试设备的测量结果准确可靠,是对导弹装备性能进行准确评估的基本保证。

由于专用测试设备的重要性和特殊性,为了保证专用测试设备的计量受控,测量结果准确可靠,二院计量保证部门非常重视专用测试设备的质量管理和计量保证,将专用测试设备的计量保证要求纳入型号整体策划工作,并编制了型号通用计量保证管理规定,该规定对所有专用测试设备从设计、研制、使用等各阶段都提出了计量保证要求,为二院导弹武器系统研制、生产、交付等起到了重要促进作用。

第四篇　二院型号计量保证

长期以来,型号计量保证工作在导弹武器系统的全寿命周期内起着重要的技术支撑作用。二院作为导弹武器系统的重点研制单位,不仅要在装备研制过程中明确组成装备的各系统、分系统、设备校准或检测项目及其技术指标要求,还要配备满足要求的校准或检测设备,保证导弹武器系统及配套设备量值准确可靠,为型号研制工作圆满完成保驾护航。在导弹武器系统使用全过程,都有明确的计量保证要求和保证手段,及时、可靠地验证武器装备战技指标,确认技术状态是否完好。导弹武器系统型号计量保证的持续有效开展,能够及时反馈导弹武器系统质量信息、预测型号故障、检验维修效果,同时也为新型号研制提供重要参考。

第十四章
型号计量保证工作策划

第一节　工作策划有关要求

（1）承制单位承接武器装备研制任务时，应开展型号计量保证工作策划并进行评审。

（2）计量保证工作策划应依据型号产品研制要求和型号计量保证要求，包括型号计量保证工作目标、工作项目、工作计划，型号计量保证工作职责及资源保障等内容。

（3）型号计量保证工作策划应进行风险评估并采取预防措施，保证测量设备、校准装置研制或引进进度，校准方法研究与型号研制工作同步进行。

（4）计量保证工作计划应纳入型号研制计划，为计量保证工作提供必要资源；应制定相应管理措施，确保计量保证工作与型号研制工作同步进行。

（5）计量保证工作计划应根据型号产品研制需要不断完善。

第二节　工作策划实施指南

（1）二院根据型号研制任务要求和型号产品特点，组织编制型号计量保证工作策划。

（2）二院根据型号计量保证工作策划，组织编制型号计量保证年度工作策划，确定年度工作要点。

（3）院属各承制单位科研生产管理部门对其承担的型号研制任务，依据二院型号计量保证工作策划，组织编制本单位的型号计量保证工作策划。

（4）组织相关计量保证专家和设计师对型号计量保证工作策划进行评审。

第十五章 导出型号产品的计量需求

第一节 导出计量需求有关要求

（1）根据任务书、方案设计报告等技术文件分析提炼型号产品的计量需求，明确型号产品在研制及使用过程中，各系统、分系统所需测试的参数、项目及其技术指标。

（2）根据型号产品的技术指标配备测量设备。

（3）明确各阶段需要自研或引进测量设备的校准方法、校准手段等，并组织开展研究。

第二节 导出计量需求实施指南

（1）设计师依据任务书或方案设计报告中明确的产品性能和技术指标要求，梳理需要测量的技术参数并给出量化指标。

（2）设计师依据需要测量的技术参数和量化指标，编制型号产品测试需求明细表，如表 15-1 所列，对组成装备的各系统、分系统、设备校准检测项目，以及技术指标给出明确要求。需重点关注的项目包括：

① 为保证满足系统任务要求，避免出现性能下降，确保系统正常运行而必须测试的系统参数。

② 为确保分系统对接顺利，集成到整个系统后具有可替换性并能正常运行而必须测试的分系统参数。

③ 设备与系统或者分系统相连接，为确保其具有可替换性并能正常运行而必须测试的设备参数。

(3) 设计师会同计量保证部门按照型号产品测试需求明细表,选择满足测试要求的测量设备及测量程序,编制测量设备配置表,如表 15-2 所列。对某些特殊的技术指标,通用测量设备不能满足测试需要时,确定需要研制或引进的专用测试设备。

(4) 计量保证部门按照测量设备配置表,选择满足溯源要求的校准设备,编制校准设备推荐表,如表 15-3 所列。当通用的技术手段不能满足测量设备校准需求时,组织研究相关校准技术或研制专用测试设备校准装置。

(5) 承制单位组织设计师和计量保证人员对型号产品测试需求明细表、测量设备配置表及校准设备推荐表进行评审,评审的主要内容包括:

① 检测、校准项目或参数是否必要、齐全;

② 检测项目与测量设备、测量设备与校准装置之间技术指标是否满足溯源要求。

表 15-1 型号产品测试需求明细表

型号产品名称:

序号	需测试项目或参数	项目或参数的范围或量值	允许误差	测试所需环境要求	所依据文件	备　注
注:需检测的关键参数在备注中注明。有特殊要求或需要对有关问题进行说明时可另加附件。						

填表:　　　　审核:　　　　批准:

表 15-2 测量设备配置表

型号产品名称:

序号	被测项目或参数	配备的测量设备名称/型号	测量范围和允许误差限	所需台数/实配台数	测量设备配备是否满足测试需求及配备情况说明	备注
注:备注栏填写“通用测量设备”或“专用测试设备”。						

填表:　　　　审核:　　　　批准:

表 15-3　校准设备推荐表

型号产品名称：

被校设备名称/型号	校准设备名称	型号	参数	测量范围	测量不确定度或最大允许误差、准确度等级	校准依据的技术文件	备注
注：需要进行测量不确定度说明时，可另加附件。							

填表：　　　　审核：　　　　批准：

第十六章
计量确认

计量确认是指为确保测量设备的性能处于满足预期使用要求的状态所需要的一组操作。ISO 10012《测量管理体系测量过程和测量设备的要求》中明确计量确认包括：校准（测量设备与测量标准的技术比较）和验证，各种必要的调整或维修后的再校准，与设备预期使用的计量要求相比较以及所要求的封印和标签。

第一节　计量确认要求

1. 型号研制、生产过程中，有定性或定量要求的型号产品，应实施测量结果的计量确认，确保测量设备计量特性满足型号产品的计量要求。

2. 各级型号产品配备的通用测量设备和专用测试设备，用于产品的正式测试、检验或验收时应进行计量确认，判断测量设备是否覆盖型号产品的测量范围、技术指标，以及测量不确定度要求，计量确认结果不满足使用要求的测量设备不得用于型号产品测试。

3. 型号产品要求的允许误差与配备测量设备允许误差绝对值之比不得低于4：1，只提供输入激励要求的允许误差与配备测量设备允许误差绝对值之比最小值为1：1。

第二节　计量确认实施指南

1. 型号的研制、生产过程中使用的测量设备，按计量管理规定进行溯源，由具有资质的计量人员依据计量技术规范进行检定/校准，并出具证书、报告。

2. 测量设备使用人依据溯源证书、报告与使用要求进行比较，判断项目或参数、测量范围及测量不确定度是否满足使用要求，按本单位质量文件规定填写计量确认记录、粘贴计量确认标识。

3. 计量确认间隔应按测量设备的类别和用途的重要性确定。

4. 计量确认记录是测量设备是否满足预期使用要求的证明，计量确认单格式可参考表 16-1，主要内容包括：

（1）测量设备名称、型号、出厂编号；

（2）溯源性证明文件，如检定证书、校准证书等；

（3）测量范围、技术指标，计量确认的时间、结果以及计量确认间隔；

（4）执行计量确认的人员对信息记录正确性负责。

5. 有故障或超差的测量设备经维修、调整或更改后，应重新溯源并进行计量确认。

表 16-1　计量确认单

<table>
<tr><td>测量设备名称</td><td></td><td>型号/规格</td><td></td><td>设备编号</td><td></td></tr>
<tr><td>使用部门</td><td colspan="3"></td><td>溯源机构</td><td></td></tr>
<tr><td>技术指标名称</td><td colspan="2">使用技术指标要求</td><td colspan="2">检定/校准结果</td><td>确认分析</td></tr>
<tr><td>测量范围</td><td colspan="2"></td><td colspan="2"></td><td></td></tr>
<tr><td>测量不确定度/
最大允许误差/
准确度等级</td><td colspan="2"></td><td colspan="2"></td><td></td></tr>
<tr><td>确认结论</td><td colspan="2"></td><td colspan="2"></td><td></td></tr>
<tr><td>计量确认人员</td><td colspan="2"></td><td colspan="2">计量确认日期</td><td></td></tr>
</table>

第十七章
测量过程控制

第一节　测量过程控制要求

1. 承制单位应制定质量文件,对型号产品研制过程中的测量过程进行控制和管理,保证测量结果的正确性。

2. 产品测试及测量设备校准过程中,应识别和考虑影响测量过程的影响量,如人员、设备、使用方法或规程、环境条件等可能会对测量结果产生影响的因素。

3. 判断和验证测量过程是否会对测量结果产生影响,包括测量软件、使用条件、操作者等各种因素的影响,需要时应进行数据修正。

4. 测量过程控制应形成记录,以证明测量过程符合要求。

第二节　测量过程控制实施指南

1. 计量人员依据测量过程相关要求开展测量工作,保证测量结果的正确性,同时对出现的问题应能够及时发现并采取纠正措施。

2. 计量保证人员判断和验证测量过程是否会对测量结果产生影响,需要时进行数据修正。主要包括:

(1) 使用计量确认合格的测量设备;

(2) 采用经过证实有效的测量程序;

(3) 保持和维护符合测量要求的环境条件;

(4) 测量人员应经过培训合格并取得资质;

(5) 可获得有效的测量数据。

3. 测量过程应形成记录,记录除包括测量数据外,还应包括测量人员、环境条件、使用的测量设备名称及编号、测量时间等,以证明测量过程符合要求。

第十八章
测量设备

第一节　通用测量设备管理要求

1. 各单位应设置相应部门对测量设备选型、购置、验收、建账、调度、使用、维护、修理、校准（或检定）、降级、封存、闲置、报废等全过程进行管理。

2. 计量标准器具都应按要求进行溯源，计量人员应确认计量标准器具在有效期之内后，方可开展计量工作。

3. 测量设备应根据科研生产和经营活动情况配备，根据科研生产和经营活动实际情况，测量设备分为强制管理类（A 类）、周期管理类（B 类）和特别管理类（C 类）。

（1）强制管理类（A 类）包括：

① 计量标准主标准器及其主要配套设备；

② 用于贸易结算、安全防护、医疗卫生、环境监测、资源保护、法定评价、公正计量等方面，列入《中华人民共和国依法管理的计量器具目录》，实施计量强制检定管理的计量器具；

③ 对外提供检测服务的检测机构用于直接出具检测数据的测量设备；

④ 用于型号产品关键部位、关键参数的定量测试或技术复杂、由多个单元研制合成、校准参数较多、准确度要求较高的测量设备。

（2）周期管理类（B 类）测量设备包括被测参数有测量不确定度要求，需按周期检定/校准进行溯源的测量设备。

（3）特别管理类（C 类）计量器具包括以下两种。

① C1 类（投入使用前一次性检定/校准）：自身性能极不易变化且被测参数不确定度要求较低的测量设备；

② C2 类（功能检查）：作为功能性使用且被测参数无准确度要求的测量设备。

4. 测量设备都粘贴计量标识。

(1) 经计量确认符合使用要求的测量设备,用“合格”标识。

(2) 经计量确认部分功能符合使用要求而限制使用的测量设备,用“限用”标识。

(3) 经计量确认仅用于功能性使用的测量设备,用“准用”标识。

(4) 发生故障或超过计量确认有效日期等不合格测量设备,用“禁用”标识。

(5) 封存的测量设备用“封存”标识。

5. 不合格测量设备的管理要求。

(1) 不合格计量器具包括:

① 经校准/检定达不到指标要求的测量设备;

② 已经损坏的测量设备;

③ 过载或误操作的测量设备;

④ 显示不正常的测量设备;

⑤ 功能出现了可疑的测量设备;

⑥ 超过规定的确认有效期的测量设备;

⑦ 封缄的完整性已被损坏的测量设备;

⑧ 无有效计量确认标识的测量设备。

(2) 发现不合格测量设备应立即停止使用,并及时报告本单位计量管理部门。计量管理部门应立即在不合格测量设备贴上“禁用”标识。计量技术机构校准/检定中发现不合格测量设备应及时通知使用单位,并提供有关数据。

(3) 应对不合格测量设备已给出的测量数据进行追溯性评定,确认该数据的有效性和对产品质量的影响程度。评定工作有本单位计量人员参加。

(4) 对不合格的测量设备进行隔离,修理后必须重新计量确认,符合要求方可使用。对不合格的测量设备的处理应进行记录并存档。

第二节　专用测试设备计量管理要求

专用测试设备是指为保证型号产品符合技术指标和性能要求,在研制、生产、服务过程中,用于质量控制、性能评定、产品验证而专门研制或购置的非通用测量设备。

（1）专用测试设备研制时，设计师应开展校准性设计，并对校准性设计进行验证。

（2）专用测试设备研制过程中，设计师应按照相关文件要求编写校准方法，并进行评审。

（3）计量技术机构应参与专用测试设备研制的策划、方案论证和评审、交付使用前的验收评审，并对计量技术文件等进行审查。

（4）专用测试设备按 A、B、C 分类管理，按评审通过的校准方法定期校准。

第三节　专用测试设备计量管理实施指南

1. 研制单位按照《中国航天科工集团公司计量管理办法》的要求，提出 A、B、C 分类建议，并报院计量管理部门批准。专用测试设备 A、B、C 分类方法为：

（1）A 类专用测试设备是用于型号产品关键部位、关键参数的定量测试或技术复杂、由多个单位研制合成、校准参数较多、准确度要求较高的专用测试设备。

（2）B 类专用测试设备是指用于型号产品定量测试且有不确定度要求的专用测试设备。

（3）C 类专用测试设备包括 C1 和 C2 两类，C1 类专用测试设备是指自身性能极不易变化且被测参数准确度要求较低的专用测试设备；C2 类专用测试设备是指作为功能性使用且被测参数无准确度要求的专用测试设备。

2. 承制单位科研生产管理部门根据专用测试设备研制任务书或合同，组织方案设计报告的评审，计量保证人员参加评审会并对以下内容进行把关，形成评审结论。

（1）专用测试设备的技术指标是否满足型号产品的测试需求。

（2）专用测试设备是否具有可校准性，是否配备相应校准手段和校准设备。

3. 方案设计报告评审通过后，应建立在研专用测试设备台账。

4. 设计师在专用测试设备研制过程中，开展校准性设计。校准性设计的要求包括：

（1）分配校准参数，保证专用测试设备的所有性能指标能够被校准；

（2）选择和配置校准接口（校准点），对所有校准参数进行校准；

（3）设计校准接口，保证其不会对校准过程产生影响并能方便快速连接；

（4）根据被校对象的实际使用需求，规定合理的校准周期和溯源要求。

5. 校准性设计的方法可以从以下几个方面考虑：

（1）按照参数的不同种类，在专用测试设备上设计用于不同参数校准的接口；

（2）在专用测试设备中设计校准用专用通道/总线，采用切换装置将同类被校准参数引导到校准接口上；

（3）采用合理结构和电气设计，使校准过程中被校参数与电路中其他部分实现物理或电气上的隔离；

（4）采用合理的机械结构设计，将重要的但是无法通过校准接口进行校准的对象拆卸下来，进行离位校准。

6. 校准性设计进行验证按以下要求进行：

（1）专用测试设备的综合参数的整体评价；

（2）专用测试设备的校准参数配置选择合理性；

（3）所有校准参数能否通过校准接口进行校准；

（4）校准接口选择是否合理且不会对校准准确度产生影响；

（5）校准周期是否适当。

7. 设计师以任务书、技术条件及相关文件要求为依据编写校准方法。A类专用测试设备校准方法由院归口部门组织评审，B、C类专用测试设备校准方法由承制单位的计量管理部门组织评审，并形成评审结论。评审内容包括：

（1）校准项目和技术要求是否能覆盖任务书或合同及技术条件的要求；

（2）校准用设备的选择是否满足校准需求；

（3）校准步骤和程序是否正确，并具有可操作性；

（4）校准记录表格是否完整、准确。

8. 专用测试设备验收评审前，由拥有检定员资质的人员依据评审通过的校准方法进行校准，并出具完整的校准证书。

9. 承制单位的科研生产管理部门组织专用测试设备验收评审，计量保证人员参加评审会，并对以下内容进行把关，形成验收结论：

（1）方案设计评审时提出的计量相关内容是否已落实；

（2）专用测试设备的测试软件是否通过审查；

（3）校准方法及证书报告是否按要求进行评审；

（4）经过测试是否满足任务书或合同的技术要求。

10. 专用测试设备验收评审通过后转入使用阶段，由使用单位建立专用测试设备台账，按照要求进行计量管理。

11. 专用测试设备的技术状态或需求发生变化时，要重新进行评审。

第十九章 大型试验计量管理

大型试验是指在科研、生产中为验证或确定武器系统的战术、技术性能所进行的试验。本书中具体是指二院组织的飞行试验、校飞试验、检飞试验以及系统级联调试验、验证性试验等。

第一节 大型试验计量管理要求

1. 大型试验的计量保证工作应列入试验大纲和试验计划,试验大纲应明确提出计量要求,试验计划应规定计量工作项目及进度要求。

2. 大型试验计量管理包括:计量自查、计量检查、计量复查和计量核查。

3. 根据进场试验通知的要求,进场前由厂/所组织参试测量设备计量自查,院/基地组织计量监督检查,进场后试验队组织计量复查,对配备的参试测量设备进行确认,确保所有参试设备受控,满足靶场大型试验使用要求,并形成检查记录。

4. 参试测量设备包括各厂所的参试测量设备、外协单位参试测量设备及已经在试验基地的所有测量设备。

5. 当有效日期和试验结束日期间隔少于半年时,各参试单位应重新对参试测量设备进行溯源,凡不合格的或不满足大型试验预期使用要求的参试测量设备一律禁止使用。

6. 试验结束后,参试单位应对大型试验中使用的测量设备进行计量核查。

第二节　大型试验计量管理实施指南

1. 设计师围绕试验方案及型号产品有关技术文件中所规定的战术技术指标要求，给出大型试验现场需要测试的主要技术指标，汇总形成“大型试验计量测试需求表”，如表 19-1 所列。

2. 设计师会同计量人员根据“大型试验计量测试需求表”中每个项目或参数的需求，合理配备测量设备，并进行计量确认，将所有参试测量设备信息汇总，编写“大型试验参试测量设备计量确认表”，如表 19-2 所列。

3. 参试单位计量保证部门对“大型试验参试测量设备计量确认表”进行审查，对工作内容及完成情况组织计量自查，并编写“大型试验计量自查报告”，在规定时间前上报院归口部门。

4. 在各参试单位计量自查工作的基础上，二院组织院型号计量检查组进行现场监督检查。检查组对所有参试测量设备逐台进行检查，在“大型试验参试测量设备计量确认表”上签署是否通过的检查结论，将存在的问题填入“大型试验进场前院计量检查记录表”，如表 19-3 所列。被检查单位在该表中填写改进措施并由主管厂/所领导签署确认，在改进措施完成后，院检查组将验证结果填入表中。

5. 经检查确认不能通过的测量设备重新进行配备并进行计量确认，重新进行计量检查。计量检查工作完成后，检查组编写“大型试验计量检查报告”。

6. 参试测量设备进场后，试验队将计量复查工作纳入到质量管理工作中，对在试验现场使用的所有参试测量设备逐台进行计量复查。经复查通过的参试测量设备粘贴“复查通过”计量标识，否则禁止使用。计量复查工作结束以后，计量复查工作负责人编写“大型试验计量复查报告”。

7. 试验结束后，参试单位应对大型试验中使用的测量设备进行计量核查。核查发现测量设备性能明显下降不满足使用要求时，应立即停止使用，并对试验过程中开展的测量工作进行追溯。

表 19-1　大型试验计量测试需求表

填表单位或部门：________________试验计量测试需求表　　　　　　第　页，共　页

序号	需求类别	项目或参数名称	范围或量值	允许误差限	使用环境条件	依据的技术文件	建议配备的测量设备名称和型号

填表：　　　　　　审核：　　　　　　批准：

日期：　　　　　　日期：　　　　　　日期：

表 19-2　大型试验参试测量设备计量确认表

填表单位(盖章)＿＿＿＿＿＿＿＿＿试验参试测量设备计量确认表　　　　第　页,共　页

序号	测量设备名称	型号	编号	测量范围或量值允许误差限	检定/校准单位	检定/校准日期	有效期	计量确认结论	院检查结论

填表:　　　　审核:　　　　批准:　　　　院检查组长:

日期:　　　　日期:　　　　日期:　　　　日　　期:

表 19-3　大型试验进场前院计量检查记录表

大型试验进场前院计量检查记录表

被检查单位		检查时间	
存在问题： 检查员： 年　　月　　日			
改进措施： 被检查单位领导： 年　　月　　日			
验证结果： 检查员： 年　　月　　日			
备注			

第　页,共　页

附录A
《中华人民共和国计量法》

中华人民共和国计量法

（根据2018年10月26日第十三届全国人民代表大会常务委员会第六次会议《关于修改〈中华人民共和国野生动物保护法〉等十五部法律的决定》第五次修正。）

第一章　总　则

第一条　为了加强计量监督管理，保障国家计量单位制的统一和量值的准确可靠，有利于生产、贸易和科学技术的发展，适应社会主义现代化建设的需要，维护国家、人民的利益，制定本法。

第二条　在中华人民共和国境内，建立计量基准器具、计量标准器具，进行计量检定，制造、修理、销售、使用计量器具，必须遵守本法。

第三条　国家实行法定计量单位制度。

国际单位制计量单位和国家选定的其他计量单位，为国家法定计量单位。国家法定计量单位的名称、符号由国务院公布。

因特殊需要采用非法定计量单位的管理办法，由国务院计量行政部门另行制定。

第四条　国务院计量行政部门对全国计量工作实施统一监督管理。

县级以上地方人民政府计量行政部门对本行政区域内的计量工作实施监督管理。

第二章　计量基准器具、计量标准器具和计量检定

第五条　国务院计量行政部门负责建立各种计量基准器具，作为统一全国量值的最高依据。

第六条　县级以上地方人民政府计量行政部门根据本地区的需要，建立社会公用计量标准器具，经上级人民政府计量行政部门主持考核合格后使用。

第七条　国务院有关主管部门和省、自治区、直辖市人民政府有关主管部门，根据本部门的特殊需要，可以建立本部门使用的计量标准器具，其各项最高计量标准器具经同级人民政府计量行政部门主持考核合格后使用。

第八条　企业、事业单位根据需要，可以建立本单位使用的计量标准器具，其各项最高计量标准器具经有关人民政府计量行政部门主持考核合格后使用。

第九条　县级以上人民政府计量行政部门对社会公用计量标准器具，部门和企业、事业单位使用的最高计量标准器具，以及用于贸易结算、安全防护、医疗卫生、环境监测方面的列入强制检定目录的工作计量器具，实行强制检定。未按照规定申请检定或者检定不合格的，不得使用。实行强制检定的工作计量器具的目录和管理办法，由国务院制定。

对前款规定以外的其他计量标准器具和工作计量器具，使用单位应当自行定期检定或者送其他计量检定机构检定。

第十条　计量检定必须按照国家计量检定系统表进行。国家计量检定系统表由国务院计量行政部门制定。

计量检定必须执行计量检定规程。国家计量检定规程由国务院计量行政部门制定。没有国家计量检定规程的，由国务院有关主管部门和省、自治区、直辖市人民政府计量行政部门分别制定部门计量检定规程和地方计量检定规程。

第十一条　计量检定工作应当按照经济合理的原则，就地就近进行。

第三章　计量器具管理

第十二条　制造、修理计量器具的企业、事业单位，必须具有与所制造、修理的计量器具相适应的设施、人员和检定仪器设备。

第十三条　制造计量器具的企业、事业单位生产本单位未生产过的计量器具新产品，必须经省级以上人民政府计量行政部门对其样品的计量性能考核合格，方可投入生产。

第十四条　任何单位和个人不得违反规定制造、销售和进口非法定计量单位的计量器具。

第十五条　制造、修理计量器具的企业、事业单位必须对制造、修理的计量器具进行检定，保证产品计量性能合格，并对合格产品出具产品合格证。

第十六条　使用计量器具不得破坏其准确度，损害国家和消费者的利益。

第十七条　个体工商户可以制造、修理简易的计量器具。

个体工商户制造、修理计量器具的范围和管理办法，由国务院计量行政部门制定。

第四章　计量监督

第十八条　县级以上人民政府计量行政部门应当依法对制造、修理、销售、进口和使用计量器具，以及计量检定等相关计量活动进行监督检查。有关单位和个人不得拒绝、阻挠。

第十九条　县级以上人民政府计量行政部门，根据需要设置计量监督员。计量监督员管理办法，由国务院计量行政部门制定。

第二十条　县级以上人民政府计量行政部门可以根据需要设置计量检定机构，或者授权其他单位的计量检定机构，执行强制检定和其他检定、测试任务。

执行前款规定的检定、测试任务的人员，必须经考核合格。

第二十一条　处理因计量器具准确度所引起的纠纷，以国家计量基准器具或者社会公用计量标准器具检定的数据为准。

第二十二条　为社会提供公证数据的产品质量检验机构，必须经省级以上人民政府计量行政部门对其计量检定、测试的能力和可靠性考核合格。

第五章　法律责任

第二十三条　制造、销售未经考核合格的计量器具新产品的，责令停止制造、销售该种新产品，没收违法所得，可以并处罚款。

第二十四条　制造、修理、销售的计量器具不合格的，没收违法所得，可以并处罚款。

第二十五条　属于强制检定范围的计量器具，未按照规定申请检定或者检定不合格继续使用的，责令停止使用，可以并处罚款。

第二十六条　使用不合格的计量器具或者破坏计量器具准确度，给国家和消费者造成损失的，责令赔偿损失，没收计量器具和违法所得，可以并处罚款。

第二十七条　制造、销售、使用以欺骗消费者为目的的计量器具的，没收计量器具和违法所得，处以罚款；情节严重的，对个人或者单位直接责任人员依照刑法有关规定追究刑事责任。

第二十八条　违反本法规定，制造、修理、销售的计量器具不合格，造成人身伤亡或者重大财产损失的，依照刑法有关规定，对个人或者单位直接责任人员追究刑事责任。

第二十九条　计量监督人员违法失职，情节严重的，依照刑法有关规定追究刑事责任；情节轻微的，给予行政处分。

第三十条　本法规定的行政处罚，由县级以上地方人民政府计量行政部门决定。

第三十一条　当事人对行政处罚决定不服的，可以在接到处罚通知之日起十五日内向人民法院起诉；对罚款、没收违法所得的行政处罚决定期满不起诉又不履行的，由作出行政处罚决定的机关申请人民法院强制执行。

第六章　附　则

第三十二条　中国人民解放军和国防科技工业系统计量工作的监督管理办法，由国务院、中央军事委员会依据本法另行制定。

第三十三条　国务院计量行政部门根据本法制定实施细则，报国务院批准施行。

第三十四条　本法自 1986 年 7 月 1 日起施行。

附录B
《国防计量监督管理条例》（54号令）

国防计量监督管理条例

（1990年4月5日国务院、中央军委令第54号发布，即日起施行）

第一章　总　则

第一条　为了加强国防计量工作的监督管理，保证军工产品（含航天产品，下同）的量值准确一致，根据《中华人民共和国计量法》第三十三条的规定，制定本条例。

第二条　中国人民解放军和国防科技工业系统的军工产品研制、试验、生产、使用部门和单位（以下简称军工产品研制、试验、生产、使用部门和单位）必须执行本条例。

第三条　国防计量是指军工产品研制、试验、生产、使用全过程中的计量工作。国防计量工作是国家计量工作的组成部分，在业务上接受国务院计量行政部门的指导。

第四条　国防计量实行国家法定计量单位。对军工产品特殊需要保留的非法定计量单位，由主管部门提出，经国防科学技术工业委员会（以下简称国防科工委）批准，报国务院计量行政部门备案。

第二章　计量机构

第五条　国防科工委计量管理机构，对中国人民解放军和国防科技工业系统国防计量工作实施统一监督管理，其职责是：

一、贯彻执行国家计量法律、法规，制定国防计量工作方针、政策及规章制度；

二、编制与组织实施国防计量规划、计划；

三、负责国防计量考核认可工作，组织建立、调整国防计量管理与量值传递系统；

四、组织与检查国防计量工作；

五、组织研讨国内外国防计量新技术发展动态。

第六条　军工产品研制、试验、生产、使用部门计量管理机构，对本部门（行业）的国防计量工作实施监督管理，其职责是：

一、贯彻执行国家计量法律、法规和国防计量工作方针、政策及规章制度，制定本部门（行业）计量工作规章制度；

二、编制与组织实施本部门（行业）国防计量规划、计划；

三、根据国防科工委计量管理机构授权，负责本部门（行业）国防计量考核认可工作；

四、监督检查本部门（行业）的国防计量工作；

五、承办国防科工委计量管理机构交办的其他计量工作。

第七条　省、自治区、直辖市主管军工任务的部门的计量管理机构，对本地区的国防计量工作实施监督管理，其职责是：

一、贯彻执行国家计量法律、法规和国防计量工作方针、政策及规章制度；

二、根据国防科工委计量管理机构授权，负责本地区国防计量考核认可工作；

三、监督检查和协调本地区的国防计量工作；

四、承办国防科工委计量管理机构交办的其他计量工作。

第八条　国防计量技术机构分为三级：

一、经国防科工委批准设置的国防计量测试研究中心、计量一级站为一级，负责建立国防特殊需要的最高计量标准器具，负责国防计量量值传递和技术业务工作；

二、经国防科工委批准设置的国防计量区域计量站、专业计量站和军工产品研制、试验、生产、使用部门批准设置的计量站为二级，接受一级计量技术机构的业务指导，负责建立本地区、本部门的最高计量标准器具，负责本地区、本部门国防计量量值传递和技术业务工作；

三、经国防科工委计量管理机构考核认可的军工产品研制、试验、生产、使用单位计量技术机构为三级，接受一、二级计量技术机构的业务指导，负责建立本单位最高计量标准器具，负责本单位计量技术业务工作。

第九条　中国人民解放军和国防科技工业系统所属的国防计量技术机构，执行本系统内的强制检定和其他检定测试任务。

军工产品研制、试验、生产、使用部门和单位生产民品的,其各项最高计量标准器具和列入国家强制检定目录的工作计量器具,根据有利生产、方便管理的原则,可由国防计量技术机构执行强制检定,也可按经济合理,就地就近的原则送当地人民政府计量行政部门执行强制检定。

国防计量技术机构承担本系统以外的强制检定和其他检定测试任务,由国防科工委和国务院计量行政部门统筹规划,根据实际需要,按规定分级授权,并接受同级政府计量行政部门的监督。

第三章　计量标准

第十条　一级国防计量技术机构的各项最高计量标准器具,由国务院计量行政部门组织考核合格后使用。

一级国防计量技术机构的最高计量标准器具,接受国家计量基准器具的量值传递。

第十一条　二级国防计量技术机构的各项最高计量标准器具,由国防科工委计量管理机构组织考核合格后使用,并向国务院计量行政部门备案。

第十二条　三级国防计量技术机构的各项最高计量标准器具,由省、自治区、直辖市主管军工任务的部门的计量管理机构组织考核合格后使用,并向所在省、自治区、直辖市计量行政部门备案。

第四章　计量检定

第十三条　军工产品研制、试验、生产、使用部门和单位的计量标准器具以及用于军工产品质量管理、性能评定、定型鉴定和保证武器使用安全的工作计量器具,必须按规定实行计量检定,检定不合格的,不得使用。

第十四条　国防计量技术机构的计量检定人员,必须经国防科工委计量管理机构或其指定的计量管理机构按技术干部和国家关于计量检定人员的要求组织考核合格。

第十五条　计量检定必须按照国家计量检定系统表和计量检定规程进行。国家未制定计量检定规程的,由国防科工委制定国防计量检定规程,并向国务院计量行政部门备案。

第五章　计量保证与监督

第十六条　军工产品研制、试验、生产、使用部门和单位的计量技术机构的计量标准器具、计量检定人员、环境条件和规章制度,经国防科工委计量管理机构或其指定的机构组织国防计量考核认可并发给证书后,方可承担军工产品研制、试验、生产、使用任务。

第十七条　军工产品研制阶段的计量保证与监督:

一、大型型号总体应由一名副总设计师兼任型号总计量师;

二、型号计量师根据型号总体或分系统的技术指标,对型号研制单位计量技术机构提出计量测试的技术指标要求;

三、型号计量师应提出型号总体或分系统研制过程中需要研制的计量标准器具和专用测试设备的预研课题,并组织落实承担单位及有关条件;

四、型号研制单位的计量技术机构,根据型号计量师的计量测试技术指标提出可行性论证方案,并组织实施;

五、军工产品设计定型,应当对定型委员会批准的专用测试设备和计量技术文件(包括计量检定规程)进行验收。

第十八条　军工产品试验阶段的计量保证与监督:

一、在军工产品试验阶段中,型号计量师应提出型号总体和分系统对计量工作的要求,由相应的国防计量管理机构和技术机构组织实施。

军工产品的计量工作应列入型号的试验大纲或试验计划。

二、计量器具和专用测试设备进入试验基地(靶场),必须进行计量复查。

第十九条　军工产品生产阶段的计量保证与监督:

一、生产单位必须按照产品的技术标准、工艺规范的要求,配备相应的计量器具和检测手段。

二、生产单位计量机构配备的和向使用单位验收代表提供的计量器具和检测手段,生产和使用单位应对其计量性能进行验收。

第二十条　军工产品使用阶段的计量保证与监督:

一、军工产品研制单位应当向使用单位提出需要配备的计量测试手段和相应的计量技术文件。使用单位在接收军工产品时,必须对配套的专用测试设备及技术文件进行验收;

二、超过存储期需要延寿或进行技术改进的大型武器系统,必须有计量人员参与技术性能计量保证方案的论证工作。

第二十一条　军工产品的设计定型和生产定型,凡涉及产品技术指标量值的准确度,必须经国防计量技术机构签署意见后,方为有效。

第二十二条　军工产品的质量评定、成果鉴定,必须经相应的国防计量技术机构进行计量审查,在确认测量方法正确、数据准确可靠并签署意见后,其结论方为有效。

用于军工产品质量评定、成果鉴定的计量器具,必须经国防计量技术机构或其认可的其他计量技术机构检定合格,并在检定证书注明的有效期内使用。

第二十三条　引进军事技术和进口武器装备以及重大仪器设备,应同时引进必要的计量测试手段和技术资料。

第六章　附　则

第二十四条　军工产品因计量器具准确度引起的纠纷,由国防计量管理机构组织仲裁检定,并负责处理。

第二十五条　违反本条例的,由国防计量管理机构依照《中华人民共和国计量法》的有关规定进行处理;构成犯罪的,由司法机关依法追究刑事责任。

第二十六条　国防科工委可以根据本条例制定具体实施办法。

第二十七条　本条例由国防科工委负责解释。

第二十八条　本条例自发布之日起施行。1984 年 9 月 10 日国务院、中央军委发布的《国防计量工作管理条例》即行废止。

附录C
GJB 5109《装备计量保障通用要求检测和校准》

装备计量保障通用要求
检测和校准

1 范围

本标准规定了装备、检测设备及其校准设备的检测和校准要求。

本标准适用于军方在论证、研制或采购装备时，提出相应的计量保障要求；也适用于为保证装备性能参数的量值准确一致并具有溯源性而实施有效的计量保障。

2 引用文件

下列文件中的有关条款通过引用而成为本标准的条款。凡注明日期或版次的引用文件，其后的人和修改单（不包括勘误的的内容）或修订版本都不适用于本标准，但提倡使用本标准的各方探讨使用其最新版本的可能性。凡不注日期或版次的引用文件，其最新版本适用于本标准。

GJB 2547—1995 装备测试性大纲

GJB 2517—1996 国防计量通用术语

GJB 3358—1998 测试与诊断术语

GJB 3756—1999 测量不确定度的表示和评定

3 术语和定义

下列术语和定义适用于本标准。

3.1 计量保障

为保证装备性能参数的量值准确一致，实现测量溯源性和检测过程受控，确保装备始终处于良好技术状态，具有随时准确执行预定任务的能力，而进行的一系列管理和技术活动。

3.2　测量

以确定量值为目的的一组操作。

注:操作可以手动或自动进行。

3.3　测试

对给定的产品、材料、设备、生物体、物理现象、过程或服务按规定的程序确定一种或多种特性的技术操作。

3.4　检测设备

为确定一种或多种特性,确定和隔离实际的或潜在的故障、判断是否符合要求,对被测单元按照规定的程序进行测试、测量、诊断、评估、检查或检验时,所使用的任何设备。检测设备属于装备的保障设备。

注:在外军也称测试、测量和诊断设备。

3.5　校准

在规定条件下,为确定测量器具或测量系统所指示的量值,与对应的由测量标准所复现的量值之间关系所进行的一组操作。

注1:校准结果可以给示值赋值,也可以确定示值的修正值。校准结果可以用校准值、修正值、校准因子或校准曲线等方式给出。

注2:当需要对测量器具做出合格或不合格的判定时,所做的工作称为检定。

3.6　测量标准

用来定义、实现、保持、复现量的单位或一个、多个量值,并通过比较将它们传递到其他测量器具的实物量具、测量仪器、标准物质或测量系统。

注1:实物量具是在使用时具有固定形态,用来复现或提供给定量的一个或多个已知值测量器具。例如,砝码、量块、标准电阻等。

注2:测量仪器是将被测量值转换成直接观察的示值或等效信息的测量器具。例如,压力表、温度计、天平等。

注3:在我国又称为计量标准。

3.7　传递标准

用作媒介物以比较测量标准的标准。

3.8　被测单元

被测试的任何系统、分系统、设备、机组、单元体、组件、部件、零件或元器件等的统称。

3.9　被测量

受测量的特征量。

3.10　影响量

不是被测量但对被测结果有影响的量。例如,温度是用千分表测量长度时的影响量,频率是测量交流电位差的影响量。

3.11　计量确认

为保证测量设备处于能满足预期使用要求的状态所需要的一组操作。

注1:计量确认一般包括校准(检定)、必要的调整或修理和随后的再校准(检定),以及所要求的封缄和标记。

注2:测量设备是进行测量所需的测量器具、测量标准、标准物质、辅助设备及其技术资料的总称。

3.12　测试性

产品能及时准确地确定其状态(可工作、不可工作或性能下降)并隔离其内部故障的一种设计特性。

3.13　(测量)溯源性

通过具有规定不确定度的不间断的比较链,使测量结果或测量标准的量值能够与规定的参照标准、国家测量标准或国际测量标准联系起来的特性。

注1:不间断的比较链又称溯源链。

3.14　(测量)准确度

测量结果与被测量真值之间的一致程度。

注1:准确度是一个定性的概念。

注2:不要用精密度表示准确度。

注3:在我国工程领域中曾成为精确度或精度。

3.15　(测量)不确定度

与测量结果相关联的参数,表征合理地赋予被测量值的分散性。

注1:此参数可以是标准偏差(或其倍数),也可以是说明了置信水平的区间班宽度。

注2:测量不确定度一般由多个分量组成,其中一些分量可用一系列测量结果的统计分布来评定,另一些分量可根据经验或其他信息的概率分布来评定,也可用标准偏差表征。

注3:不确定度的所有分量均对被测量值的分散性有贡献,包括由系统影响引起的,如与修正值或参照标准有关的分量。

3.16　(测量器具的)最大允许误差

技术规范、规程中规定的测量器具的允许误差极限值。

同义词:(测量器具的)允许误差极限。

3.17 测试不确定度比

被测单元与其检测设备、检测设备与其校准设备之间的最大允许误差或测量不确定度的比值称为测试不确定度比。

注1:测试不确定度比应经计算获得,计算中应充分考虑各种因素的影响,并采取相同的计量单位。

注2:测量不确定度的评定和表示详见国家军用标准GJB 3756—1999《测量不确定度的评定和评定》。

注3:例如,一个被测单元的输出参数的最大允许误差为±8%,其检测设备的最大允许误差为±2%,其他影响因素均可以忽略,可认为测试不确定度比为4∶1。

又如一个被校检测设备的输出参数的最大允许误差为±5%,其校准设备的测量不确定度为1%($k=2$),其他影响因素均可以忽略,可认为测试不确定度比为5∶1。

3.18 机内测试

系统或设备内部提供的检测或隔离故障的自动测试功能。

注:完成机内测试功能的设备称为机内测试设备。

3.19 自动测试设备

自动进行功能或参数测试,评价性能下降程度或隔离故障的设备。

3.20 测试程序集

用自动测试设备对被测单元进行测试或校准所必须的接口、测试和校准程序及相应文档的组合。

4 总要求

4.1 订购方应按本标准规定的要求,在提出装备研制总要求和签订装备采购合同时,明确提出装备的计量保障要求。

4.2 订购方应要求承制方在研制装备的同时,对组成装备的系统、分系统和设备所需检测和校准的项目或参数及其技术指标作出明确规定。

4.3 订购方应要求承制方在研制的装备中,对影响装备功能和性能的主要测量参数设备检测接口,满足装备测试性要求,并应具有明确的检测方法。

4.4 订购方应要求承制方在装备研制阶段,按照装备使用要求,编制《装备检测需求明细表》(附录C1),并按测试不确定度比要求,编制《检测设备推荐表》(附录C2)、《校准设备推荐表》(附录C3)或《校准系统推荐表》(附录C4)和《装备检测和校准需求汇总表》(附录C5),并经订购方确认后,在交付装备的同时,与装备的随机文件一起提交。

4.5 订购方应组织军队计量技术机构参与对《检测设备推荐表》《校准设备推荐表》或《校准系统推荐表》的评审。

4.6 订购方应根据确认后的《检测设备推荐表》《校准设备推荐表》或《校准系统推荐表》,对需要承制方提供检测设备和校准设备的,采用合同方式向承制方提出详细要求。

4.7 订购方应根据《装备检测和校准需求汇总表》,配备装备所需的检测设备和校准设备。

4.8 订购方应建立装备计量保障技术信息数据库,为装备技术保障提供必要的信息。

5 装备检测和校准要求

5.1 凡影响装备功能、性能的项目或参数都应进行检测或校准,以确保装备具有准确执行预定任务的能力。

5.2 装备的检测应满足性能测量、状态监测和故障诊断等需求。

5.3 装备的检测或校准应符合测量溯源性要求。

5.4 承制方应根据装备研制总要求,论证和确定装备需要检测或校准的项目或参数,当装备是由若干分系统及设备组成复杂系统时,应包括如下检测参数:

(1) 为确保系统正常运行、不出现系统性能下降,并能最终保证满足系统任务要求而必须检测的所有系统参数;

(2) 为确保分系统对接顺利,在集成到整个系统后具有可替换性并能正常运行而必须检测的分系统参数;

(3) 当设备作为与系统或者分系统连接的一部分使用时,为确保其具有可替换性并能正常运行而必须检测的设备参数。

5.5 对装备需要校准的参数、机内测试设备及内嵌式校准设备,应编制校准方法。

5.6 承制方应对需要检测的系统、分系统和设备,包括装备中需要校准的参数、机内测试设备和内嵌式校准设备,制定《装备检测需求明细表》,其包括以下内容:

1) 表头部分

被测装备的名称,被测系统的名称,被测分系统的名称,被测设备的名称,生产单位,型号或规格,出厂编号。

2) 项目或参数

装备必须检测的项目或参数。通常是装备的主要技术指标,如输入、输出或其他具有测量单位的量(如电压、电流、频率、功率、压力等)。

3）使用范围或量值

装备主要技术指标所规定的量值范围或量值。

4）使用允许误差

装备使用所允许的最大误差范围。

注:“使用允许误差”是指满足使用要求的最大允许误差,而不是设计容差。

5）环境要求

装备检测所要求的环境条件。

6）备注

对直接影响装备作战效能、人身与设备安全的参数在备注栏中应明确标识。

7）附件

必要时可另外附件,说明装备检测所需的有关文件、检测中的特殊要求及需要说明的问题。

8）表尾部分

编制人、审核人和批准人的签字,编制日期,编制单位。

5.7 承制方应确保装备的检测能够实现,应使用标准测试端口或接口,选择合适的检测点,尽可能缩短检测时间和减少检测次数。检测点应在相关技术文件中予以明确,在装备上也应有相应的明显标识且容易识别,并能以对装备产生影响最小的方式检测。

5.8 承制方应确保装备检测符合安全性要求,减少检测人员的安全风险,降低检测期间引起检测设备故障的可能性。装备检测不应影响或者破坏装备的功能、性能和准确度。

5.9 承制方应对编制的《装备检测需求明细表》进行评审并保留评审记录。评审内容主要包括:检测项目和参数是否必要、齐全;系统、分系统和设备之间技术指标是否协调、合理;检测是否能够实现等。评审应有专家和订购方代表参加。

6 检测设备要求

6.1 凡有定量要求的检测设备应按照规定的周期进行校准,并在有效期内使用。所有检测设备应经过计量确认,证明其能够满足被测装备的使用要求。

6.2 检测设备的准确度应高于被测装备准确度,其测试不确定度比应符合本标准第8条的要求。

6.3　对专用检测设备应编制校准方法。

6.4　承制方应根据评审通过的《装备检测需求明细表》,选择能满足装备检测要求的检测设备,并编制《检测设备推荐表》。

6.5　《检测设备推荐表》应包括以下内容:

(1)被校装备名称,被测系统、被测分系统及被测设备的名称、型号(应是装备命名的型号)和生产单位;

(2)检测设备名称、型号和生产单位;

(3)检测设备测量测参数、测量范围和最大允许误差;

(4)检测依据的技术文件编号和名称;

(5)备注,应注明是"通用"设备还是"专用"设备;

(6)必要时,可另加附件对有关问题进行说明;

(7)编制人、审核人和批准人的签字、编制日期、标准单位。

6.6　当由若干检测设备组成检测系统时,应当将整个检测系统的配置形成文件,并对该检测系统的测量不确定度进行分析和评定。

6.7　当被测参数是由若干测量值导出,或者有明显的影响量时,承制方应在《检测设备推荐表》的附件中,给出被测量的导出公式、主要的影响量以及测量不确定度的评定结果。

6.8　装备的检测设备应尽可能选择通用设备或平台,尽可能减少品种、数量和型号,其性能价格比应适当。研制或生产的专用检测设备应有校准接口。

6.9　当检测设备为自动测试设备时,应具有自检功能;自动测试设备与被测单元的接口应确保其具有保障装备所需的全部测量能力和激励能力。

6.10　承制方应对《检测设备推荐表》进行评审。

承制方应根据评审通过的《检测设备推荐表》编制用于保障检测设备的《校准设备推荐表》或《校准系统推荐表》。

7　校准设备要求

7.1　所有用于对装备检测设备进行校准的校准设备,都应溯源到军队计量技术机构或者军方认可的计量技术机构保存的测量标准,并应提供有效期内的校准证书或检定证书,证明符合测量溯源性要求。当无上述测量标准时,可溯源到有证标准物质、约定的方法或者各有关方同意的协议标准等。

7.2　自动测试设备的校准一般应由传递标准通过测试程序集的校准功能在自动测试设备主机上运行校准程序来实现,传递标准可以是外部标准器或者是自动测试设备的校准件,其溯源性证明是由具有资格的计量技术机构给出的校准证书。自动测试设备的"自校准"不能代替溯源性证明。

7.3　自动测试设备使用内嵌式校准设备时,应当确定这些校准设备的全部测量能力和激励能力,并应对其定期校准。

7.4　当需要由若干校准设备组成校准系统保障检测设备时,应当对整个校准系统的技术指标及其测量不确定度进行分析和评定。

7.5　承制方应根据评审通过的《检测设备推荐表》编制用于保障检测设备的《校准设备推荐表》或《校准系统推荐表》。

7.5.1　《校准设备推荐表》(附录C)的内容一般包括:

(1) 被校检测设备的名称和型号;

(2) 校准设备名称、型号、参数、测量范围、测量不确定度(最大允许误差、准确度等级);

(3) 校准依据文件的编号和名称(包括检定规程或者校准规范等);

(4) 备注;

(5) 必要时,可另加附件对有关问题进行说明;

(6) 编制人、审核人和批准人的签字、编制日期、标准单位。

7.5.2　当由若干校准设备组成校准系统时,《校准系统推荐表》(附录D)的内容应包括:

(1) 被校检测设备名称和型号;

(2) 测量标准或校准系统名称;

(3) 校准设备名称和型号(包括标准器和主要配套设备的名称和型号);

(4) 校准系统的校准参数、测量范围、测量不确定(最大允许误差、准确度等级);

(5) 校准依据文件的编号和名称;

(6) 备注;

(7) 必要时,可另加附件对有关问题进行说明;

(8) 编制人、审核人和批准人的签字、编制日期、编制单位。

7.6　承制方应对《校准设备推荐表》或《校准系统推荐表》进行评审。

7.7　订购方应组织军队计量技术机构根据《校准设备推荐表》或《校准系统推荐表》,分析现有校准设备资源的情况,对需要研制或者订购的校准设备提前安排。

7.8　军队计量技术机构应配备与装备检测设备相适应的校准设备,并按规定对装备的检测设备进行校准。

7.9　检测设备与校准设备的测试不确定比应符合本标准第8条的要求。

8 准确度要求

8.1 检测设备或校准设备应比被测装备或被校设备具有更高的准确度。

8.2 检测设备和校准设备的最大允许误差或测量结果的测量不确定度应当满足被测装备或检测设备预期的使用要求。

8.3 对被测装备或被校设备进行合格判断时,被测装备与其检测设备、检测设备与其校准设备的测试不确定度比一般不得低于4∶1。

8.4 如果测试不确定度比达不到4∶1,应当分析测量要求,经论证后提出一个合理的解决方案。

8.5 检测设备只用于提供输入激励时,测试不确定度比可低于4∶1的要求。在这种情况下,测试不确定度比的最小值为1∶1。

8.6 给出被测装备或检测设备的校准值或修正值时,应同时给出其测量不确定度,且测量不确定度应满足使用要求。

8.7 当被测装备的使用要求用"最小""最大""不大于""不小于""大于""小于"等表述,无法计算测试不确定度比时,应给出检测设备的最大允许误差或测量不确定度。

9 装备检测和校准需求汇总要求

9.1 承制方应根据所研制装备的检测和校准需求,汇总《装备检测需求明细表》《检测设备推荐表》《校准设备推荐表》或《校准系统推荐表》的内容,编制《装备检测和校准需求汇总表》,为军队提供实施计量保障的依据,以确保对装备进行必要的检测和校准,保证测量溯源性。

9.2 《装备检测和校准需求汇总表》应包括以下相关的三部分内容:

第一部分:装备 应给出被测装备及其系统、分系统和设备名称、被测项目或参数、使用范围或量值、使用允许误差;

第二部分:检测设备 应给出所用检测设备的名称和型号、参数和测量范围、最大允许误差或准确度等级、检测依据的技术文件;

第三部分:校准设备 应给出所用校准设备的名称和型号、参数、测量范围、测量不确定度(或者最大允许误差、准确度等级)、校准依据的技术文件。

9.3 《装备检测和校准需求汇总表》应是对装备系统、分系统、设备及其检测设备和校准设备的检测和校准需求的技术总结,检测设备和校准设备的参数和测量范围应覆盖被测装备相应参数和使用范围。各参数之间的测试不确定比关系应符合第8条的要求。

附录 C1　规范性附录

装备检测需求明细表

被测装备名称：______________________

被测系统名称：______________被测分系统名称：______________被测设备名称：______________

生产单位：______________________

型号或规格：______________________________出场编号：______________

项目或参数	使用范围或量值	使用允许误差	环境要求	备　注

注：需检测的关键参数在备注中注明。有特殊要求或需要对有关问题进行说明时可另加附件。

编制人：__________　审核人：__________　批准人：__________　编制日期：__________　编制单位(加盖公章)：__________

附录 C2　规范性附录

检测设备推荐表

被测装备名称：________________

被测系统名称：__________ 型号：__________ 生产单位：__________

被测分系统名称：__________ 型号：__________ 生产单位：__________

被测设备名称：__________ 型号：__________ 生产单位：__________

检测设备名称	型　号	生产单位	测量参数	测量范围	最大允许误差或准确度等级	检测依据的技术文件	备　注

注 1：在备注中应注明是“通用”设备或“专用”设备。

注 2：必要时可另加附件，如说明测量不确定度的分析与评定等。

编制人：__________ 审核人：__________ 批准人：__________ 编制日期：__________ 编制单位（加盖公章）：__________

附录 C3 规范性附录

校准设备推荐表

被校检测设备名称/型号	校准设备名称	型　号	参　数	测量范围	测量不确定度或最大允许误差、准确度等级	校准依据的技术文件	备　注

注：需要进行不确定度说明时，可另加附件。

编制人：________ 审核人：________ 批准人：________ 编制日期：________ 编制单位(加盖公章)：________

附录 C4 规范性附录

校准系统推荐表

被校设备名称：＿＿＿＿＿＿＿＿ 型号：＿＿＿＿＿＿＿＿

校准系统或测量标准名称：＿＿＿＿＿＿＿＿ 测量范围及测量不确定度：＿＿＿＿＿＿＿＿

校准设备名称	型号	参数	测量范围	测量不确定度 或最大允许误差、准确度等级	校准依据 的技术文件	备注

注：本表适用于由多台校准设备组成的校准系统。应另加附件，对校准系统的不确定度分析和评定做详细说明。

编制人：＿＿＿＿ 审核人：＿＿＿＿ 批准人：＿＿＿＿ 编制日期：＿＿＿＿ 编制单位（加盖公章）：＿＿＿＿

附录 C5　规范性附录

装备的检测和校准需求汇总表

被测装备名称：________

被测系统名称：________　被测分系统名称：________　被测设备名称：________

生产单位：________　型号或规格：________　生产代码或出厂编号：________

装备			检测设备				校准设备				
项目或参数	使用范围或量值	使用允许误差	名称和型号	参数和测量范围	最大允许误差	检测依据的技术文件	名称和型号	参　数	测量范围	测量不确定度或最大允许误差、准确度等级	校准依据的技术文件

编制人：________　审核人：________　批准人：________　编制日期：________　编制单位（加盖公章）：________

附录D

常用计量法规、文件及规范

序号	发文号	名称	发文机关
1	主席令第二十八号	中华人民共和国计量法	
2	国务院、中央军委第54号令	国防计量监督管理条理	国务院、中央军委
3	国务院、中央军委第582号令	武器装备质量管理条例	国务院、中央军委
4	GB/T 19022/ISO 10012	测量管理体系—测量过程和测量设备的要求	国家质检总局
5	JJF1001	通用计量术语及定义	国家质检总局
6	JJF1069	法定计量检定机构考核规范	国家质检总局
7	JJF1059.1	测量不确定度评定与表示	国家质检总局
8	国防科工委第4号令	国防科技工业计量监督管理暂行规定	国防科工委
9	科工技〔2011〕740号	国防科工局关于进一步加强国防军工计量工作的通知	国防科工局
10	科工技〔2014〕498号	国防军工计量技术规范管理办法	国防科工局
11	局综技〔2013〕52号	国防军工计量标识印制和使用要求	国防科工局
12	JJF(军工)1	国防军工计量检定规程编写规则	国防科工局
13	JJF(军工)2	国防军工计量校准规范编写规则	国防科工局
14	JJF(军工)7	武器装备科研生产单位计量工作通用要求	国防科工局
15	JJF(军工)8	武器装备科研生产单位计量监督检查工作程序	国防科工局
16	GJB2725A	测试实验室和校准实验室通用要求	总装备部
17	GJB5109	装备计量保障通用要求检测与校准	总装备部
18	GJB2715A	军事计量通用术语	总装备部
19	GJB2739A	装备计量保障中量值的溯源与传递	总装备部
20	GJB2749A	军事计量测量标准建立与保持通用要求	总装备部

（续）

序号	发文号	名称	发文机关
21	GJB9001B	质量管理体系要求	总装备部
22	天工法技〔2016〕157 号	中国航天科工集团公司计量管理办法	航天科工集团
23	Q/QJB217	型号计量监督检查规范	航天科工集团
24	院法产保〔2011〕886 号	中国航天科工集团公司第二研究院计量管理办法	航天二院
25	Q/WE 3112.1	型号计量保证 第一部分：通用大纲	航天二院
26	Q/WE 3112.2	型号计量保证 第二部分：通用大纲实施指南	航天二院
27	Q/WE 1020	检定、校准结果记录	航天二院
28	Q/WE 1162	大型试验计量保证与监督要求	航天二院